JN140859

Security by Design

上流工程でシステムの脅威を排除する

セキュリティ設計 実践ノウハウ

山口 雅史 編著

日経SYSTEMS

はじめに

セキュリティインシデントが発生すると、つらい時間が続きます。インシデントを収束させるため、昼夜を問わずに対応が必要になります。当面のインシデント対応が収束したとしても、その後には再発防止策の検討が待っています。「なぜ防げなかったのか」「なぜ対応を実施していなかったのか」など、自分や仕事仲間の不手際を責めるかのような原因分析をしなければなりません。読者の皆様の中にも苦い経験がある人もいるかと思います。

昨今はセキュリティ上の脅威が高度化・多様化しています。このままではインシデントが多発するようになり、つらい時間がいつまでも続くようになってしまいます。そこで、先回りしてインシデント対応をする時間を短くするセキュリティ対策を講じるようにしましょう。きちんとしたセキュリティ対策を講じていれば、インシデントが発生する頻度を少なくできます。万が一インシデントが発生したとしても、インシデントの発生を想定した準備があると対応にかかる時間を最小限にできます。

きちんとしたセキュリティ対策を事前に講じるには、システム開発の上流工程で実施する「セキュリティ設計」が欠かせません。セキュリティ設計とは、発注側が明示的にセキュリティの要件を提示し、開発側がそれに合意して要件を満たす対策を設計して実装することです。ところが、十分なセキュリティ設計を実践できている現場は少ないのが実情です。発注側がセキュリティ要件を提示できていない、開発側が要件を理解できずに設計できていないという現場が少なくありません。

本書では、セキュリティ設計の実践ノウハウに焦点を当てて解説しています。特に発注側がセキュリティについて対応すべき内容を整理しました。開発側もこうした内容を知っておかないと設計･実装ができません。ユーザー企業のシステム部門、セキュリティ部門、SIベンダーの開発担当エンジニア、運用担当エンジニアと幅広い読者の参考になるはずです。構成は大きく2つに分けて整理しました。

第1章　上流工程で作り込むセキュリティ設計の進め方

上流工程で実施するセキュリティ設計の進め方を6つのステップに分けて解説

します。

本章はまず、セキュリティ設計が不十分な現場で起こる問題を紹介します。昨今のセキュリティ上の脅威となっている標的型攻撃、ランサムウエア、Webサイトへの不正アクセスといった実際に起き得る事例を交え、なぜ上流工程でのセキュリティ設計が必要なのかを説明します。

次にセキュリティ要件を定義する方法を解説します。脅威が高度化・多様化する現在では、多層的かつ網羅的な視点で要件を考えなければなりません。これを実践するために、リスクを評価・分析し、守るべきものを明確にし、セキュリティ要件を漏れなく定義する方法を説明します。

続いて、セキュリティ設計で特に重要となる「アクセス制御と認証」と「脆弱性管理・ログ管理」の具体的な内容と検討すべき要件を解説します。これらは後から追加するのが困難なセキュリティ対策です。セキュリティ設計の方法を押さえ、上流工程で的確に要件定義、設計、実装できるようにしなければなりません。

本章の最後のステップは効果的なレビュー方法の説明です。セキュリティ設計がきちんと実施できているかどうかは、設計者以外の第三者のチェックが重要です。そこで、実際のレビュー方法や担当者に必要なスキルなどを整理します。

第2章　脅威別に見たセキュリティ設計の実践

セキュリティ設計では場当たり的な対応は禁物です。しかし、「現行踏襲」や「ほかの設計の使い回し」によって、結果として場当たり的な対応になっている現場が多々あります。本章の最初では、そうしたありがちな落とし穴を紹介して、それを避けるためのセキュリティ設計方法論の適用の仕方を解説します。

具体的なセキュリティ設計の進め方や設計例を紹介するため、「標的型攻撃とランサムウエア」「内部不正」「Webサイトへの攻撃」といった、多くの企業で実際に起きているセキュリティ上の脅威を取り上げます。それぞれについて、実際の事例を分析して、各脅威に備えるセキュリティ設計を整理していきます。IoTシステムについても、代表的な攻撃手法と具体的な対策を紹介します。

セキュリティ対策は中長期では改善・拡張していかなければなりません。改善・拡張の局面でもセキュリティ設計が必要になります。陳腐化した対策を捨て、新たに必要となる対策を検討する必要があるからです。本章の最後は、セキュリティ対策の改善・拡張の上流工程で実施するセキュリティ設計を解説します。

本書の最後には、システム開発の上流工程で定義する主なセキュリティの要求事項を整理して、付録として掲載しています。開発するシステムの特性や種別などに合わせて必要な要件を抽出するときに、このセキュリティ要求事項の一覧をぜひお役立てください。

セキュリティ設計の方法論を知り、脅威別に見た方法論の適用例を学んだら、次は現場での実践です。The night is long that never finds the day, there is a bright day.（明けない夜はない、朝は必ず来る）という言葉があります。筆者も好きな言葉です。本書で身に付けたセキュリティ設計のノウハウを生かして、あなたが関わる現場にきちんとしたセキュリティ対策を導入していきましょう。

2018年11月

山口 雅史

CONTENTS

本書は「日経 SYSTEMS」2017 年 4 月号～ 2017 年 9 号に掲載した「上流で作り込む 本物のセキュリティ」、2017 年 10 月号～ 2018 年 3 月号に掲載した「上流でどう守る 5 大脅威へのセキュリティ設計」の各連載に加筆・修正したものです。

第1章

上流工程で作り込む セキュリティ設計の進め方

1-1 セキュリティ事故は防げた

問題の過半は上流工程にあり 設計者には方法論が必要

情報漏えい、データの改ざん、システムの停止――。セキュリティインシデントは後を絶たない。実際に発生したインシデントを分析すると、その多くは要件定義や設計といった上流工程に問題があった。上流工程を担当するエンジニアは今こそ、「本物のセキュリティ」を実現する方法論を身に付けなければならない。

「なぜ事前に防げなかったのか」「なぜ監視で検知できなかったのか」「誰がどう対応したのか」「なぜ迅速に対応できなかったのか」――。サイバー攻撃の高度化、広範化に伴い、企業のセキュリティインシデント（事件・事故）は増えています。インシデントが発生した現場では、そのシステムを担当するエンジニアは大変つらい状況に立たされます（**図 1**）。

実際のところ、インシデントとして顕在化したリスクはどの工程に起因するのでしょうか。NRI セキュアテクノロジーズが実施しているセキュリティ診断の結果を統計調査したところ、次のような結果でした。システムに脆弱性が残存する原因は、23％は要件定義の工程、37％は設計（基本・詳細両方含む）の工程における不備にあったのです（**図 2**）。

セキュリティを高めるシステム開発というと、SQL インジェクション対策やク

図 1　事故があるとエンジニアが責められる

セキュリティインシデントが発生すると、担当エンジニアは針のむしろに座る気持ちとなる

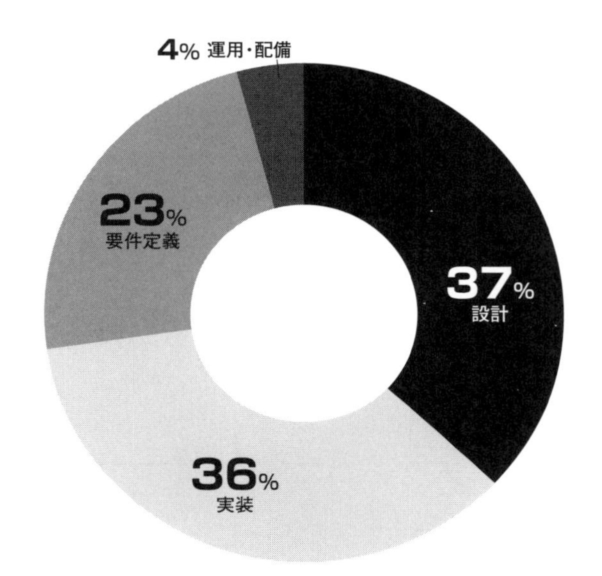

図2 問題の過半は上流工程で作り込まれる

NRIセキュアテクノロジーズの「サイバーセキュリティ傾向分析レポート2015」から引用

ロスサイトスクリプティング対策など、実装工程でのプログラミング技術を思い浮かべるかもしれません。しかし実装に起因する脆弱性は、全体の36%にすぎません。インシデントの多くは、要件定義、設計といった上流工程で、潜在的な脅威を認識できなかったり、脆弱性を作り込んでしまったりしたのが原因です。

上流工程の方法論が普及していない

こうした状況になっている理由は、セキュアなシステムを開発するための上流工程の方法論が、現場に浸透していないからであると推測できます。それでも以前は大きな問題になりませんでした。経営層のセキュリティへの意識は高くなく、それゆえ上流工程を担当するエンジニアも、セキュリティに高い意識を持つ必要があまりないのが実情でした。

しかし、サイバー攻撃によるビジネスへの影響が広く認知され、セキュリティ対策の重要性を唱える経営層が増えてきました。セキュリティ投資に消極的だった経営層も変わりつつあります。変化が遅れているのは、実は上流工程を担当するエンジニアの方かもしれません。

セキュリティについては、基本設計よりも後の工程で、非機能要件の定義と設計をまとめて検討するという現場が多いと思います。要件定義や設計の担当者には「業務や機能要件とその設計が最優先で、セキュリティは実装で品質が担保できれば問題がない」という意識が少なからずあります。つまり、セキュリティの作り込みを上流工程の問題と捉えていないことが少なくありません。セキュリティインシデントの芽を摘むには、システム開発の上流工程から対策を講じたり、リスクを予見したりしなければならないにもかかわらず、です。

インシデント事例に学ぶ

防げたはずのサイバー攻撃

企業が直面するサイバー攻撃の事例を基に、上流工程で検討すべきだったセキュリティ上の施策を説明しましょう。NRIセキュアテクノロジーズでは、企業におけるセキュリティの実態を調査し、統計した「企業における情報セキュリティ実態調査」を毎年発行しています。2017年版では**図3**のような結果になりました。

サイバー攻撃に関しては、「標的型メール攻撃」「ランサムウエア」「マルウエア感染」といったマルウエアによるものが突出して多いという結果でした。マルウエア感染が原因で不正アクセスのインシデントを引き起こし、結果として情報の漏えいや改ざん、システム停止などの被害を受けた企業もあります。

Webシステムの脆弱性を突いた攻撃についても、インシデントが発生した企業は一定数存在します。ミドルウエア、OSの脆弱性を突いた攻撃もあれば、Webアプリケーションの脆弱性を突いた攻撃（専門的にはバッファオーバーフロー、SQLインジェクション、ディレクトリートラバーサル、クロスサイトスクリプティングなど）もあります。こうした脆弱性を突いた攻撃のインシデントは、情報の漏えいや改ざん、システム停止など、深刻な被害に至っている事例が多いのが特徴です。

以下では、頻発する「標的型メール攻撃」「ランサムウエア」、深刻な被害をもたらす「システム基盤やWebアプリケーションの脆弱性を突いた攻撃」について、インシデントが発生した際の影響と、上流工程での対応のあり方をインシデント

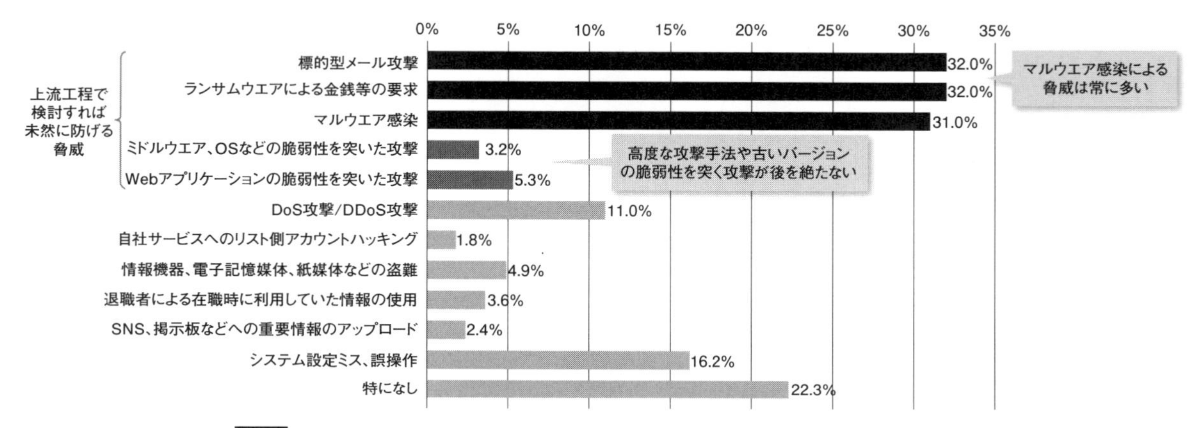

図3 過去1年間に発生した情報セキュリティに関するインシデント

NRIセキュアテクノロジーズの「企業における情報セキュリティ実態調査 2017」から一部項目を抜粋

の事例を基に説明します。

なお、図3を見ると「DoS/DDoS攻撃」も多く発生しています。この攻撃は、上流工程で設計の不備や脆弱性をなくしても防ぎきれないことがあります。大量のデータを送信するという攻撃が多く、どれだけのデータ量が来るか想定しづらいからです。防御の確実性を担保できないため、ここでは対象外とします。

インシデントその1 標的型メール攻撃

【発端】標的型メール攻撃を受けて従業員が添付ファイルを開いた

【事象】攻撃者が顧客管理データベースに不正アクセス。顧客情報が漏えいする被害が発生した

攻撃者が特定の企業をターゲットに、あらゆる手段を使って攻撃を仕掛けてきました。標的型メール攻撃は複数の攻撃のうちの一つです。その手口は次のようなものでした（**図4**）。

攻撃者はまず、業務メールを装った攻撃メールを企業の関係者に送信しました。従業員の数人がその攻撃メールの添付ファイルを開き、その従業員のPCがマルウエアに感染しました。

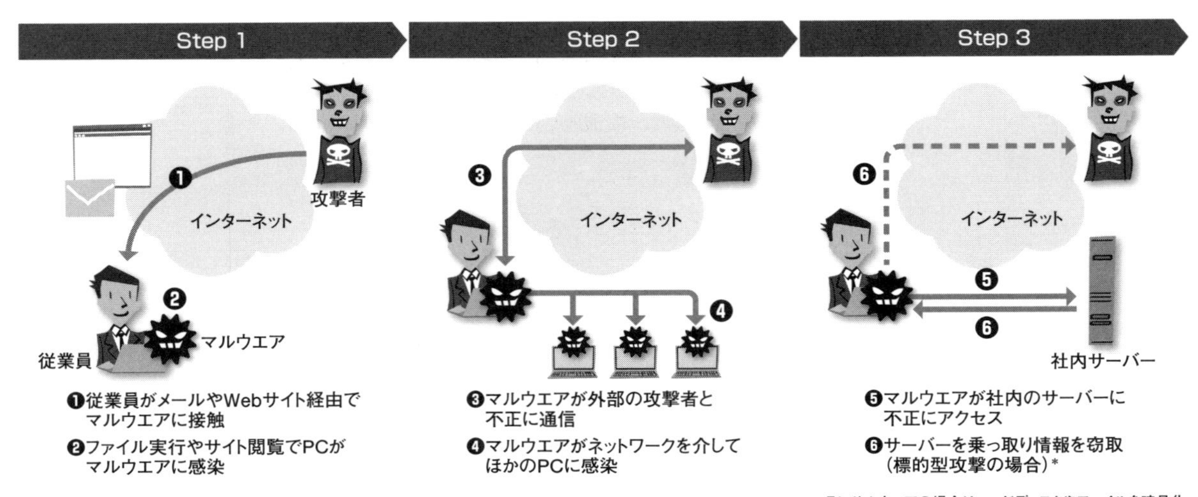

図4　標的型攻撃、ランサムウエアの攻撃の流れ

PCに感染したマルウエアは、攻撃者と不正な通信を開始しました。これにより、攻撃者はマルウエアに感染したPCの遠隔操作が可能になりました。攻撃者はその後、数カ月かけて社内システムを探索。サーバーやほかの従業員のPCにアクセスして、最も機密情報が含まれる顧客管理データベースに狙いを定めました。

攻撃者は顧客管理データベースのOSの管理者権限にはアクセスできませんでしたが、サーバーの認証を集約管理している認証サーバーにアクセスして、顧客管理データベースで利用している高権限のアカウントとパスワードを入手しました。それを利用してデータベースに直接アクセスし、顧客情報を取得。マルウエアに感染しているPC経由で攻撃者宛てに顧客情報を送信して、情報を盗み出しました。

この企業は顧客情報を集約して管理して、様々なシステムと連携するようなシステム構成にしていました。顧客情報を集約しておけばデータ管理の効率性が高まりますし、他システムからの連携時にデータの最新性を確保できます。機能面から見ると、正しいシステムの姿です。

しかし、セキュリティ面では二つの要素が不足していました。一つは認証サーバーとデータベースサーバーのセキュリティ強化、二つめは不正アクセスの監視です。認証サーバーとデータベースサーバーのアクセス制御（必要なアカウント、プロトコル、アクセス元のアクセスのみ許可）ができておらず、アカウントの厳密な管理もできていなかったため、それぞれのサーバーへ容易にアクセスすることができました。また、不正アクセスの監視が行き届いていなかったため、通常アクセスしない方法でアクセスされても、その挙動を検知することができなかったのです。データの特性や重要度、漏えい時のインパクトを考慮すると、もっと厳密に管理するセキュリティの設計が必要でした。

上流工程で正しく設計できていれば、認証サーバーや顧客管理データベースなど、重要サーバーの「要塞化」の必要性に早期に気付けたでしょう。要塞化とは、不要な機能やアカウントの停止、アクセス制限などで攻撃される可能性のある穴を減らす手法です。

さらに、昨今のセキュリティ対策で重要なのは複数の防御の“層”を作り、一つの層が破られても別の層で守るという「多層防御」の考え方です。この考え方に基づくと、重要サーバーにアクセスする際の適切なアクセスルートの特定、重要データの暗号化やアクセス制御などの設計、重要データが持ち出されることを想定した監視設計なども必要でした。

標的型メール攻撃への対策というと、マルウエアに感染させないウイルス対策、攻撃メールを受信させないメールセキュリティ、不正な通信を止めるネットワークセキュリティ、攻撃メールに気付く社員教育などを思い浮かべがちです。しかし、ここで挙げた事例では、根本的な問題は顧客管理システムの設計にこそあったのです。顧客管理システムを開発する上流工程で脅威を想定した対策を行っていれば、インシデントは防げたはずでした。

インシデントその2 ランサムウエア

【発端】従業員が不正な Web サイトにアクセスした

【事象】攻撃者に基幹システムの全データを暗号化された

従業員が不正な Web サイトにアクセスして、PC がマルウエアに感染したのがきっかけでした。その後の攻撃の流れは標的型メール攻撃に似ています。攻撃者

に社内システムを探索されました。標的型メール攻撃との違いは攻撃の最後の部分です。重要な情報を盗み出すのではなく、基幹システムの全ファイルを暗号化して使用不能にするという手口を使ってきました。

暗号化されたファイルは“人質”です。暗号化された翌日、攻撃を受けた企業に攻撃者から金銭の支払いを要求するメールが届きました。「ファイルを元通りにしたければ金を払え」ということです。

この企業は身代金の支払いを拒否しました。バックアップからの復旧を試みましたが、復旧までに多大な時間がかかりました。

復旧に時間がかかったのは、バックアップ／リストア設計とその運用が不十分だったのが大きな要因でした。データベース内の重要なデータは定期的にバックアップしていたものの、一部の設定データなどは変更管理の仕組みなどで集約管理されていませんでした。データベースの復旧試験は実施していましたが、OSからのフルリストアのテストや定期的な手順の確認を実施していませんでした。そのため、復旧手順が一部しかないことに気付かずにいました。さらに、マルウエアにいつから感染していたのか分からず、どの時点のデータを復旧すべきか判断に迷いました。こうした要因により、リストアに多くの時間を要したのです。

基幹システムの要件定義や設計時に、すべてのファイルにアクセスできなくなるようなセキュリティインシデントへの想定がなかったのでしょう。本来ならば、代表的なセキュリティの脅威（標的型攻撃、不正アクセス、内部不正など）を想定した設計を行ったうえで、試験や手順作成を実施すべきでした。そうしたセキュリティ設計では、取り扱うデータの機密性だけでなく、システム全体の完全性や可用性も考慮するのが原則です。様々な脅威を想定して設計していれば、上流工程でバックアップ／リストアの設計を実施でき、復旧時間の短縮化や一部データの欠損を防ぐことができたでしょう。

インシデントその3　Webサイトへの不正アクセス

【発端】企業が提供する Web サービスで顧客データの改ざん、不審なメールの送付など顧客情報の不正使用が相次いだ

【事象】Web サイトの脆弱性を突かれ、攻撃者に Web サービスの情報を盗み出

されていた

攻撃者はまず、企業のWebサービスのフロントにあるWebサーバーに対して、利用しているOSやミドルウエアなどの種類とバージョンの調査を行いました（**図5**）。そして攻撃者は取得したミドルウエア（Webアプリケーションフレームワーク）の脆弱性情報を利用して、Webサーバーに対して攻撃を試みました。

攻撃者は、Webサーバーからデータベースサーバーに OSのコマンドを実行する攻撃が可能であることを突き止めました。これを悪用して、データベースの中の顧客情報を盗み出したのです。

このインシデントは、Webサーバーで利用しているミドルウエアにパッチを適用していないことで発生しました。ただし、数日前に緊急パッチが出たばかりであり、いわゆる「ゼロデイ攻撃」に近い状態で起こったものでした。データベースサーバーに対する外部からの直接的なアクセスは許可していませんでしたが、Webサーバーを掌握されてしまったため、攻撃者に容易にアクセスされてしまいました。さらに、攻撃の発生を監視システムで検知できていませんでした。

上流工程でパッチマネジメントの運用設計、データベースサーバーのアクセス

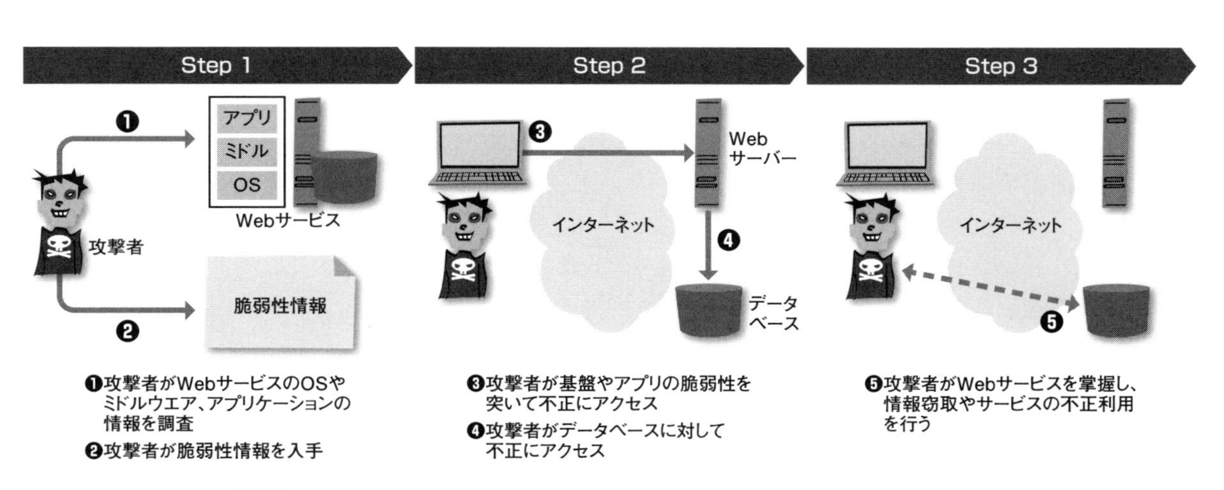

図5 Webサイトへの不正アクセスの流れ

設計、重要データへのアクセスに対する監視の設計をきちんとできていれば、防げたインシデントでした。

パッチマネジメントは実施していなかったわけではありません。ただ、それが不十分でした。定期的に脆弱性情報を収集して、パッチを適用するという運用設計でした。問題は情報収集がソフトウエアベンダー頼みだったうえ、緊急パッチの適用基準や方針が決まっていなかったことです。緊急対応を想定した運用設計になっていませんでした。

Web サーバーからデータベースサーバーへのアクセスについては、データベースに接続可能な専用の API を使ったものだけを許可すべきでしたが、そうした設定になっていませんでした。本来ならば要件定義や設計時にデータへのアクセスルートを特定・整理し、そのアクセス制限（いつ、どのアカウントで、どの目的で、どうアクセスさせるか）を決めて設定する必要がありました。

重要データへのアクセスの監視については、データベースで利用するプロトコルと実行するコマンドを監視するように設計する必要がありました。この企業では、通常利用するアカウントからの通信だけを監視していました。その結果、不正アクセスを見逃してしまいました。こうした「特殊だが重要な例外」の監視要件は、後工程の設計では簡単に追加できません。

上流工程で考慮すべき対応

影響分析の観点と対策の5要素

ここまで事例を基に、上流工程で考慮、実施すべきだった対応を説明しました。もしかすると「インシデントが発生してから分かった後知恵だろう」と感じた読者もいるかもしれません。しかし実際には、一貫したプロセスと観点を持つと、きちんと対策を実施できるものです。本書では次節以降、その方法を詳しく説明していきます。ここでは、その概要を紹介しておきます。

(1)インシデント発生時の影響分析

まず、システムを利用するユーザーや業務、システムによってもたらされる価値を把握します。そして、セキュリティインシデントの発生を想定して、それがどういった影響を及ぼすかを分析します。セキュリティ要件の定義や設計は、この分析で見えた影響の大きさに応じて行います。

こうした影響分析は、データの破壊やシステム停止といったシステム障害を想定したものは多くの現場で行われています。しかし、セキュリティインシデントを想定した分析はいまだ多くないのが実情です。

セキュリティインシデント発生時の影響分析を行う際には「CIA」が重要な観点になります。CIAとは機密性（Confidential）、完全性（Integrity）、可用性（Availability）の頭文字を取った略称で、それぞれがセキュリティの構成要素となります。三つの観点でインシデント発生時の企業への影響を考え、どれだけの対応が必要かを導き出します。

機密性（C）の観点では「システムで利用・保管するデータが漏えいした場合にどういった影響があるか」を分析します。影響に応じて、データ漏えいを防ぐための施策を設計する必要があります。完全性（I）の観点では「システムのデータが破壊・改ざんされた場合の影響」を分析します。それに応じてデータが破壊されたり、利用不可になったりした場合の施策を設計します。可用性（A）については「セキュリティインシデントでシステムが利用できなくなった場合に、どのユーザー、システムに影響するか」を分析します。サービス継続性をどれくらい維持する必要があるかを考慮して対策を設計します。

C・I・A個別の設計も重要ですが、C・I・Aの複数の要素に影響するインシデントも起こりえます。こうしたC・I・A同時に問題が発生した場合も想定して影響を分析します。このような影響分析を実施すると、そのシステムの重要性、システムの中で守るべき重要なもの（サービス、利用者、利用データ、関連するシステムなど）を特定できます。

(2)防御以外に検知や復旧の対策も考える

セキュリティ施策は防御を中心に考えがちですが、インシデント発生を未然に防ぐための施策やインシデント発生後の影響を極小化するための施策も重要です。米NIST（米国国立標準技術研究所）は、サイバーセキュリティ対策のコア要素は「特定」「防御」「検知」「対応」「復旧」の五つで構成されると定義しています。これらの要素を総合的に実施することで、セキュリティリスクへの対策を戦略的に行えます。

従来は、5要素のうち特定と防御に偏っている傾向でした。セキュリティの設計で重要なのは、守るべき要素を脅威からいかに防御するか、防御できなかった場合にどう検知し、検知できなかった場合はどう迅速に対応、復旧するかを総合的に考えてシステムを構築することです。こうした観点を持って五つの要素をバランス良く設計することが、企業の戦略に応じた、過不足ないセキュリティレベルの向上につながります。

まとめ

- ●セキュリティインシデントの多くは要件定義や設計といった上流工程での不備が原因になっている
- ●「標的型攻撃」「ランサムウエア」「Webサイトへの不正アクセス」など実際に発生しているインシデントも、上流工程で対策を取っておけば防げたものが多い
- ●一貫したプロセスと観点を持つと、システムのセキュリティを適切に考慮して設計できる

多層的かつ網羅的な視点を 発生時の対応も不可欠

道しるべがないままにセキュリティ対策を実施すると、漏れがあったり、過剰投資になってしまったりする。ここではセキュリティ対策や脅威を俯瞰的に見る、要件定義や設計の前提となる視点を説明する。セキュリティ対策の俯瞰に役立つ、様々なガイドラインについても解説しよう。

具体的なセキュリティ対策の上流工程の実施プロセスを説明する前に、セキュリティ対策全体や脅威を俯瞰的に見る視点が必要になります。こうした視点がないと、“木を見て森を見ず”のような局所的で漏れのあるセキュリティ対策になってしまったり、必要のない部分まで守るような過剰投資をしてしまったりします。

セキュリティ対策を強固にするとは、脅威に対する防御をひたすら強化することではありません。インシデントが顕在化する前の早期検出、インシデントが発生した際の影響を極小化するための対策も必要です。つまり、脅威に対して抜け漏れなく実装されたセキュリティ対策が求められます。これを実現するには、上流工程において「バランス良く施策を検討する」という必要があります。それには、「様々な脅威を想定した対策を考える」といったことが重要になります。

「セキュリティ」全体を俯瞰する

要素とレイヤーに分けて理解

まず、バランスの良い施策とは何でしょうか。米NIST（米国国立標準技術研究所）が重要インフラのサイバーセキュリティを向上させるための考え方として定義している「Cybersecurity Framework」は、サイバー攻撃に対するセキュリティ対策を事象の発生前後で大きく五つのカテゴリーに分類しています。定義された五つの要素は「特定」「防御」「検知」「対応」「復旧」です（**図1**）。

特定とは、情報セキュリティに関するあらゆるもの（システム、資産、データなど）に対するリスクの管理・定義を行うことです。防御とは、セキュリティ脅

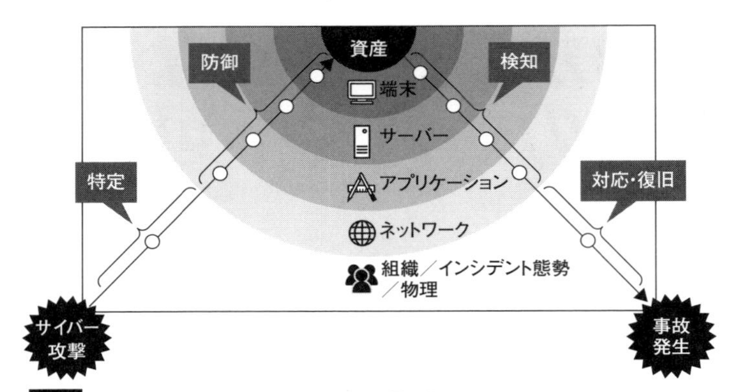

図1 セキュリティに必要な要素は「防御」だけではない

NIST Cyber Security Frameworkを基に筆者らが整理した考え方

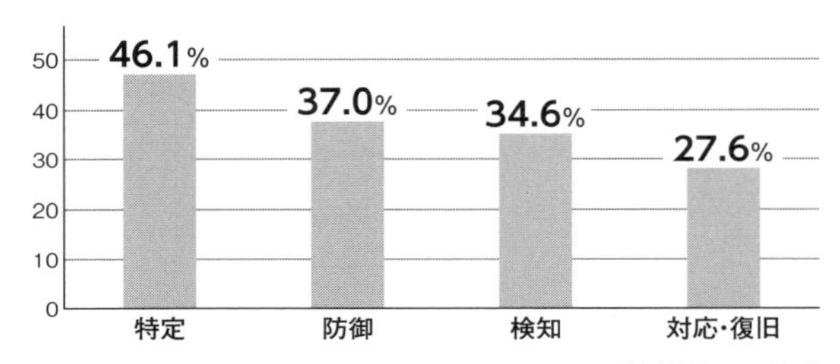

図2 2016年時点の実際のセキュリティ対策実施状況

特定と防御が検知と対応・復旧を上回る

威に対して、発生する可能性のある事象を未然に防止すること。検知とは、セキュリティ脅威が顕在化する前に、脅威イベントを発見すること。対応とは、セキュリティ脅威が顕在化した際に、事象の封じ込めで発生したインシデントを最小化すること。復旧とは、セキュリティインシデントによってもたらされる影響を軽減するための回復を行うことです。

セキュリティ対策では、事象が発生する前だけではなく、発生した後までを含めて考える必要があります。当たり前のように聞こえるかもしれませんが、網羅的に対応する考え方の重要性は理解しつつも対応できていない、というのが多くの企業の現状です。NRIセキュアテクノロジーズが企業のセキュリティ施策について調査・統計した「企業における情報セキュリティ実態調査」の2017年度版を分析すると、特定、防御の実施が検知や対応・復旧を上回る結果になりました（**図2**）。サイバー攻撃は高度化しています。未然に防ぐことが困難なのですが、今でも特定や防御に注力する企業が多いのが実態です。

一昔前であれば、システムや情報の出入り口付近に単一のソリューションを導入すれば、セキュリティ対策は十分であったと考えられていたこともあります。しかし昨今は、マルウエア対策ソフトの定義ファイルやセキュリティパッチが更新される前にサイバー攻撃が行われる「ゼロデイ攻撃」、社員や協力会社が情報を盗み出す「内部犯行」といった様々な種類のインシデントが実際に起こっています。単一のソリューションに頼り、実装する要素は特定と防御だけというのは、不十分と言われてしまう状況でしょう。

最近は、複数のセキュリティ対策を組み合わせ、五つの要素を考慮した多層的な対策の実装が求められています。守るべき情報資産の流出・破壊を止めることが重要であり、万が一そのようなことが起こった場合には素早く対応し、被害を最小化するというアプローチです。バランスの良いセキュリティ対策を行っていないと、インシデント発生時に会社としての説明責任が果たしづらくなります。

四つのレイヤー＋全体で考える

次に、セキュリティ対策の構成を俯瞰的に見るための考え方を紹介します。重要なのが「レイヤー」を意識することです。レイヤーは、大きく「アプリケーション」「ミドルウエア」「OS」「ネットワーク」の四つに分類されます。それぞれのレイヤーで特定、防御、検知、対応、復旧といった要素を意識して、セキュリティ対策を設計します。各レイヤーでどのような観点でセキュリティ対策を実施すればよいのか、いくつか例に挙げて整理します（**表1**）。

(1) アプリケーション

公開されたWebサーバーは、外部からの攻撃を一番受けやすいレイヤーです。アプリケーションインタフェースの脆弱性を突いた攻撃（SQLインジェクション、

表1 セキュリティ対策は4レイヤーで考える

構成管理やログなどはレイヤー横断で考えた方がいい

レイヤー	考慮すべき点の代表例
アプリケーション	• アプリケーションインタフェースの脆弱性対策 • アプリケーションレイヤーへの社内外からのアクセス制御
ミドルウエア（DB含む）	• ミドルウエアへのアクセス制御 • ミドルウエアの暗号化
OS	• 不要なサービスの停止、アクセス制御 • OSレイヤーのマルウエア対策
ネットワーク	• ネットワークレイヤーでのアクセス制御 • 不正通信の検知や遮断 • ネットワーク型マルウエア対策 • ネットワークレイヤーでの監視
全体	• 構成管理（脆弱性管理） • アカウント管理 • ログの管理・監視 • バックアップとリストア

クロスサイトスクリプティングなど）により、脅威が顕在化してしまうことがあります。対策としては、アプリケーションインタフェースの脆弱性のつぶし込みや、攻撃を受けたときに不必要なレスポンスを返したり、サービスが異常状態になったりしないような「要塞化」を行います。また、攻撃を最小限に防ぐため、必要最小限の通信プロトコルと接続元のみを許可するようなアクセス制御によって、攻撃手法をあらかじめ制限するといった手も併せて打ちます。

(2) ミドルウエア

ミドルウエアは、内部に格納する情報が漏えいするケースを想定して対策を講じます。まず、ミドルウエアへのアクセス制御です。必要最小限の通信プロトコル、接続元、アカウントだけのミドルウエアへの接続を許可するようにして、多層的にアクセス制御を実施します。高度な脅威で、アクセス制御を突破された場合も想定します。ミドルウエア自体や内部のデータを暗号化して、データが漏えいしても見られないようにしておきます。

(3) OS

OSの特権アカウント（rootやadministrator）を乗っ取られた場合、そのサーバーは掌握されたも同然です。まず、OSの不要なサービスやアクセスルートを制限するような「要塞化」を実施します。さらにこの対策が突破された場合に備え、通常のシステム処理と異なる挙動やプログラムの実行を検知して駆除するためのマルウエア対策を実施します。マルウエア対策はWindowsでは当たり前に実施されますが、UNIX系のOSでもシステムの重要性に応じて導入します。

(4) ネットワーク

ネットワークは、上記三つのレイヤーへの脅威をその手前で防いだり、三つのレイヤーで発生したインシデントを検知したりするレイヤーとなります。

ネットワークレイヤーでもアクセス制御を実施して、接続元IPアドレスやプロトコルは必要最小限だけを許可するようにします。通信に、通常の処理と異なるような挙動があることを検知して遮断したり、通信内の不正なプログラムを駆除したりするようなマルウエア対策も有効です。アプリケーション、ミドルウエア、OSの対策が突破され、マルウエアなどが外部に情報を送信するような動きをした場合を想定して、監視、検知、遮断するような仕組みも重要になります。

(5) 全体

レイヤーを横断した対策も必要です。まず、構成管理がそうです。現状のアプリケーション、ミドルウエア、OSのバージョンを適切に管理します。そして脆弱性情報を収集し、脅威レベルが高い脆弱性に対しては即座にパッチなどを適用します。

アカウント管理は、すべてのレイヤーで非常に重要な対策です。必要最小限のアカウントだけを利用するような管理はもちろん、アカウントを乗っ取られないようにするためのアクセス権限の設定、強固なパスワードの設定が必要です。

ログの管理や監視もレイヤー横断で考えないといけない課題です。適切なログ監視ができていれば、攻撃者がセキュリティ対策をすり抜けて内部にアクセスしてきた場合に、検知できる可能性があります。セキュリティ事故の発生時には、影響や原因を究明する必要があります。調査・分析にログを活用できるようにするため、改ざん防止など厳密に保管することも重要です。

システムやデータを元の状態に迅速に復旧させる、バックアップとリストアも重要な対策となります。

これらの施策は個別のレイヤーで実装するのは効率的ではないため、横断的に考えるべきです。横断的に対策を実施した方が、統一的で強固なセキュリティ施策を実現できます。

脅威への対策全体を俯瞰する

ガイドラインの活用で効率的に

すべてのレイヤーで特定、防御、検知、対応、復旧の５要素を完璧に実施しようとすると、多額の費用と長い期間がかかります。セキュリティ対策は重要ですが、システムによる業務効率化を上回るコストがかかるようでは本末転倒です。経営者にとってもエンジニアにとっても「システムの特性を鑑みた最適な（必要最小限の）セキュリティ対策だけを実装したい」というのが望みでしょう。

開発するシステムにどの程度の対策が必要なのか。これを見極めるには、システムに対してどのような脅威が発生し得るかを整理することが重要です。脅威に対し、セキュリティ事故を起こさないためにどのような対策を重点的に実施する

表2 想定すべきサイバーセキュリティの脅威

ISO/IEC 27005:2008で挙げられた脆弱性の例からサイバー攻撃の脅威に関する項目を抽出し、八つの分類に整理した

脅威分類	想定される主な脅威
(1) システムの脆弱性を突く攻撃	• Web アプリケーションの脆弱性 • システム基盤の脆弱性 • ネットワーク基盤の脆弱性
(2) 不正アクセス	• サーバーおよびネットワークへの侵入 • 未承認の端末や媒体の不正接続 • DoS/DDoS 攻撃 • ブルートフォース攻撃などによる特権昇格
(3) メール攻撃	• ウイルス付きメール攻撃 • URL 付きメール攻撃
(4) マルウエア	• Web アクセス経由のマルウエア感染 • 記憶媒体経由のマルウエア感染
(5) 改ざん	• データやログの改ざん • プログラムの改ざん
(6) なりすまし	• アカウントの奪取
(7) 情報持ち出し	• メール経由での情報持ち出し • 正常な通信（HTTPS など）による情報持ち出し
(8) 通信の盗聴	• ネットワークパケットの盗聴 • 攻撃者のサーバーによる端末通信の傍受

か、起こっても迅速に対応するにはどういった対策が必要かを考えます。

セキュリティ上の脅威はサイバー攻撃や内部不正など様々ありますが、ここではサイバー攻撃に特化して脅威を整理します。

サイバー攻撃による脅威の整理では、情報セキュリティリスク管理のガイドライン「ISO/IEC 27005:2008」が役立ちます。このガイドラインには、情報セキュリティ管理に対するリスク管理プロセスが定義されています。ここから脅威に関する項目を抽出し、特に脅威が顕在化する可能性が高いサイバー攻撃の脅威について、筆者が八つの分類に整理したのが**表2**です。

要件定義や設計時に、開発するシステムはどの脅威に直面する可能性があるのか、それに対してどういった対応をすべきか、脅威が顕在化したときにどのような影響があるか、を検討します。ここを把握しておかないと、後工程になって足りない対策が判明したり、起こりえない脅威への対策を実施して無駄なコストを費やしてしまったりします。これでは、最適なセキュリティ対策になりません。

また、対応すべき脅威を検討する際には、直接的な被害だけでなく二次的な被害の可能性も考慮する必要があります。例えば、サーバーへの直接的なマルウエア感染がまず起こりえない環境であっても、それだけでマルウエアを脅威から除外すべきではありません。アクセスするユーザーの端末がマルウエアに感染して、そこから攻撃を受ける可能性も検討対象にします。

下流工程ほど追加や変更が高コストになる

続いて、実装すべきセキュリティ対策について要件を洗い出して設計を実施します。セキュリティ対策の要件定義や設計の注意点は、一般的なシステム開発プロジェクトと同じです。下流工程に進むほど手戻りや追加の設計変更などが多岐にわたり、追加や変更にはより多くの工数や費用がかかります。

また、プロジェクトの終盤に近づくにつれ、意思決定を行うステークホルダーが取り得る選択肢が限られるようになっていきます。プロジェクトに与えられる影響度が減少して、最適な対策を選択できなくなる可能性が高まります。

そのため、セキュリティについても上流工程での適切な要件定義と設計が重要になります。可能な限り手戻りが発生しないように対応できれば、プロジェクトの工数や費用も最小化できます。

有効なガイドラインに沿うのが近道

「様々な脅威を想定した対策を実施し、セキュリティ事故を起こさない」「起こった場合も極小化できる、最適なセキュリティ対策を取り込んだシステムをきちんと設計する」――。急にそんなレベルの高いことを言われても困る、というエンジニアも多いと思います。企業のセキュリティに関する方針が明確で、定められたセキュリティ基準に沿うようにすれば要件や仕様は自ずと決まる、という環境であれば理想的なのですが、そうした現場は多くはないでしょう。

過去の似たプロジェクトの設計や実装を流用するのは、システム開発ではよく用いられる考え方ですが、セキュリティ対策ではあまり良い方法ではありません。最新の脅威やセキュリティ事故の教訓を盛り込んだものになっていないことが多いからです。

では、どうすればいいのでしょうか。幸いなことに、昨今のセキュリティ対応ニーズの高まりもあり、様々な組織が参考となるガイドラインを発行しています。これらのガイドラインをうまく活用すると、現在求められている標準的なセキュリティ基準でセキュリティ対策を設計・実装できます。筆者らがよく参照する主要な規格、ガイドライン、フレームワークには以下のようなものがあります。

(1) **ISO/IEC 27001/27002:2013**：国際標準化機構（ISO）と国際電気標準会議（IEC）が策定。ISMS（情報セキュリティマネジメントシステム）の要求事項と実践規範を記載。
(2) **Cybersecurity Framework**：米NISTが策定。サイバーセキュリティに向けた考え方を整理した枠組み。
(3) **Critical Security Control for Effective Cyber Defense**：米国のCenter for Internet Security（CIS）が策定。重要インフラ防御のための効果的な対策集。
(4) **金融機関等コンピュータシステムの安全対策基準**（FISC安全対策基準）：日本の金融情報システムセンター（FISC）が策定。金融機関向けの対策基準。

これ以外にもクレジットカードや重要インフラ業界向けなど、業種に特化したガイドラインが存在します（**表3**）。表３のほとんどは脅威と対策をセットで説明

表3 主要なガイドラインや公表情報

これらを参考にすると、標準的なセキュリティ要件と基準で実装できる

カテゴリー		主なガイドライン・公表情報	策定組織	特徴
マネジメント系	全般	ISO/IEC 27001/27002	ISOとIEC	ISMSの要求事項および実践規範（対策集）
	特定分野	サイバーセキュリティ経営ガイドライン	経産省	経営者が認識し、なすべきことに関するガイドライン
		クラウドサービス利用のための情報セキュリティマネジメントガイドライン	経産省	クラウドサービスの利用に関するガイドライン
技術系	全般	Critical Security Controls for Effective Cyber Defense	米CIS	重要インフラ防護のための効果的な対策集
		情報セキュリティ10大脅威	IPA	国内企業が直面している脅威
	特定分野	Cybersecurity Framework	米NIST	サイバーセキュリティに向けた考え方
主な特定業界向け		金融機関等のコンピュータシステムの安全対策基準	FISC	金融機関向け
		PCI DSS	PCI SSC	クレジットカード取り扱い事業者向け
		重要インフラにおける情報セキュリティ確保に係る安全基準等策定指針	NISC	重要インフラ業界向け

したガイドラインですが、位置付けが異なるのがIPA（独立行政法人 情報処理推進機構）が発行する「情報セキュリティ10大脅威」です。社会的に影響が大きかったと考えられるセキュリティインシデントをランキング形式で整理したもので、年単位での脅威の動向把握に役立ちます。

これらの公開情報を参考にセキュリティ要件や基準を定めるのが、セキュリティ対策の上流工程の近道です。この基準に沿った観点で各プロジェクトをチェックすると、具体的かつ網羅的に昨今の基準を満たしたセキュリティ要件を策定できます。

今ひとつ進まないガイドラインの活用

ガイドラインの使い方は、次のような流れです。

セキュリティに関するルールが既に存在する場合は、現在のルールとガイドラインのフィット＆ギャップ分析を実施してガイドラインを更新します。ギャップのある箇所については妥当性を確認して、不足している箇所を補うようにすることで、効率的にセキュリティ基準を最新の状況にすることができます。

既存のルールがない場合は、ガイドラインを参考にしながらセキュリティのルールを整理できます。ガイドラインを使うことで、網羅的かつ効率的にルールを作成できます。

効率的なセキュリティ対策には適切なガイドラインの活用が有効ですが、未だ十分な活用がされている状況ではありません。NRIセキュアテクノロジーズが実施した「企業における情報セキュリティ実態調査2017」では、3割近い企業が「フレームワークやガイドラインは利用していない」という回答でした。利用している企業でも、「ISO/IEC 27001/27002」や「サイバーセキュリティ経営ガイドライン」といった、汎用的な情報セキュリティマネジメントのガイドラインを活用するだけ、という企業が多数派です（**図3**）。

これらのガイドラインは汎用性を持たせるために抽象的な記載が多く、またマネジメントを中心に書かれているため技術的な内容は十分とは言えません。ISO/IEC 27001/27002は「情報セキュリティに必要な要求事項をまとめている規格」、サイバーセキュリティ経営ガイドラインは「経営者向け」であるため、性質上仕

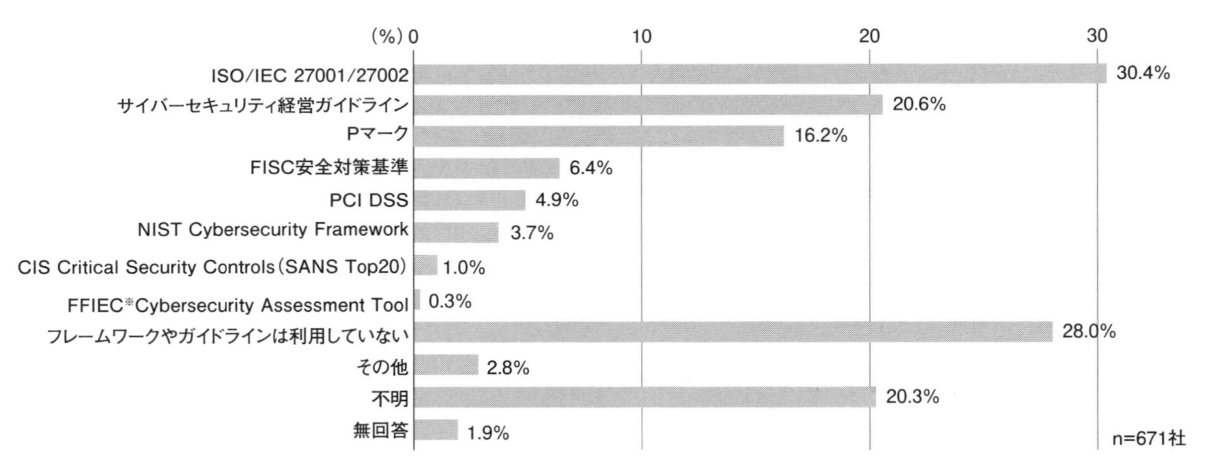

図3　規格やガイドラインの活用状況

NRIセキュアテクノロジーズ調査「企業における情報セキュリティ実態調査2017」から抜粋。自社の情報セキュリティ戦略やルール策定時に利用した規格やガイドラインを聞いた

方のないことではあります。本来ならば、これらを軸に技術的な内容をほかのガイドラインで補うのが理想的です。

しかし、Cybersecurity Framework の利用率は 3.7 %、Critical Security Controls for Effective Cyber Defense は 1.0%と、活用できている企業はごくわずかです。どちらも英語だけでなく、日本語版のドキュメントもあります。どのような目的で、どのガイドラインを活用すればよいのか、IT 現場に十分浸透していないことが見受けられます。

金融業界では、ガイドラインより強制力のある事実上の規制である「FISC 安全対策基準」や「PCI DSS」を活用する企業が多いという結果でした。汎用的なガイドラインや業界特有のガイドラインの活用も大事ですが、ガイドラインの特徴を踏まえて組み合わせて活用するという視点も重要です。

俯瞰したうえで守るべきことを明確化

ここまで解説した「俯瞰するための視点」を理解したら、いよいよ個別のセキュリティ対策について要件定義と設計を行っていきます。最初のステップで必要となるのは、守るべきことの明確化です。守るべき情報資産は企業やシステムごとに異なります。すべての情報を保護するのは、費用対効果から見て現実的ではありません。企業活動をするうえで大切な情報を見極め、その守るべき情報に対し

表4 セキュリティ対策の技術要件

要件定義時にこうしたセキュリティにかかわる要件を洗い出す

項目	詳細項目
標準構成	構成管理、変更管理など
アカウント管理	アカウント管理手法、申請、ポリシーの設定、発行・削除、モニタリング、棚卸しなど
アクセス制御	境界制御の実施、権限の割り当て、重要データの分離、モニタリング、棚卸しなど
マルウエア対策	アプリケーション制御、ネットワーク制御など
脆弱性管理	脆弱性診断、脆弱性管理実装、脆弱性情報の評価など
データ保護	データ保護実装、棚卸し、変更管理、モニタリングなど
ログ管理	時刻同期、モニタリング、保管・保護、監査など
バックアップ	バックアップの方針、バックアップの取得、保管・保護、テストの実施など

て、どのような脅威があるかを可視化することが重要です。

守るべきことが明確になったら、セキュリティ要件を洗い出していきます。この際、技術面のセキュリティ要件の検討で特に重要となるが、**表 4** に挙げた八つの項目です。セキュリティの技術要件は様々ありますが、ほとんどはこの八つに分類できます。

実際のセキュリティに関する要件定義では、8 項目をさらに詳細項目に分割してチェックリストを作成し、リストを基に上流工程からセキュリティ対策に取り組みます。

まとめ

●俯瞰する視点を持たないと、漏れのあるセキュリティ対策や必要以上の過剰投資になってしまう

●セキュリティ対策の全体像は、五つの要素と四つのレイヤーに分けて考えると理解しやすい

●脅威とそれへの対策は、有力組織のガイドラインを活用すると効率的かつ網羅的に俯瞰できる

1-3 要件を漏れなく言語化する

要件定義と基本設計の進め方 チェックリストで漏れを防ぐ

セキュリティの要件定義、基本設計では定石となるプロセスがある。まずは守るべきものを明確化して、続いて実装すべき施策を明確化するという流れだ。成果物として要件定義書や基本設計書を作成する。要件や設計方針を漏れなく記載するには、チェックリストの活用などが重要になる。

セキュリティ対策の検討は、上流工程から先の工程を見据えながら実施します。リリース間際での要件の追加は、開発期間、コスト、整合性リスクの増大につながるため、避けなければなりません。

上流工程での検討は、次のようなプロセスで実施します（**図 1**）。まずは企業とシステムを取り巻くリスクを洗い出します。次にシステムの目的や用途、ユーザー、連携先システムなどを考慮してリスクを評価・分析し、対応優先度を決定します。

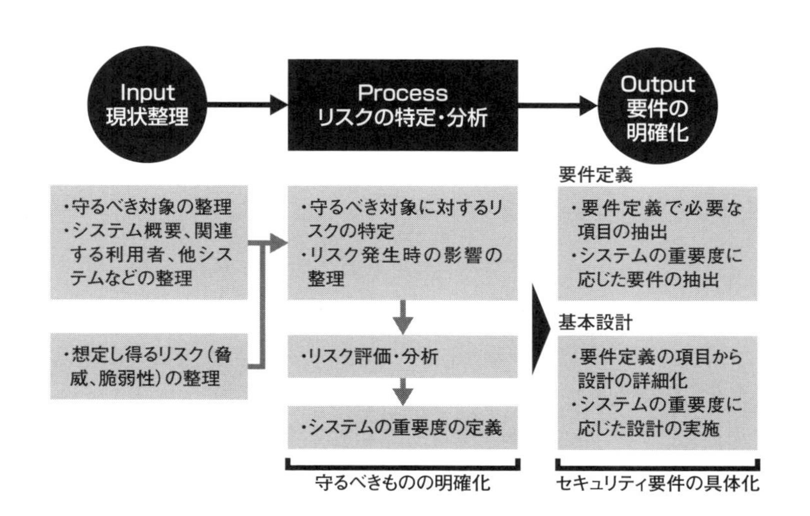

図1 セキュリティ要件を決めるプロセス

これを通じて、企業が守るべきシステムや情報資産を明確にします。

そして要件定義・基本設計それぞれの工程で、セキュリティ要件を具体化します。「目指すセキュリティ水準を必要最小限の機能でどう達成するか」。この答えを、実装工程以前に把握できる情報から設計工程でまとめ上げます。こうした上流設計の根底にあるのが「Security by Design」の考え方です。

守るべきものの明確化

リスクを特定して評価・分析する

まずは対象となるシステムについて、セキュリティの業務要件とシステムの概要を把握します。新規構築の場合は既存業務や類似業務を参考に、システム化の範囲におけるユーザーやアクセス経路、情報資産の保管場所などを整理します。リプレースの場合は、既存システムの運用・利用状況を整理します。「誰がどのようにシステムを利用し、どのような情報資産がどこに保管され、どの程度の機密性を担保するため、どういった手段で守られるべきか」といった5W1Hの観点が重要です。

次に、どのような用途や経路でシステムが利用（または情報資産にアクセス）され、どういった種類、大きさのリスクが想定されるかを考えます。リスクが顕在化するトリガーは何か、どういった問題が起こる可能性があるかも検討します。ポイントは脆弱性と脅威の二つの要因からリスクを想定することと、リスクの発生確率やビジネスへの影響度を考慮することです。

四つの観点でリスクを評価・分析する

特定したリスクについて、企業やシステムの特性を踏まえ、次の四つの観点で脆弱性と脅威を定性的・定量的に評価・分析します。

(1) システム、情報資産の場所

システムおよびデータの設置・保管場所を、インターネットからの接続可否、アクセスできるユーザーの拠点・属性などの観点で分類します。インターネットから接続可能なシステムは内外の不正アクセスを受けやすいため、入念に脅威や脆弱性を洗い出します。

(2) 情報資産の重要度・量

システムが扱うデータを定性的・定量的に整理します。重要度は、情報資産の種類、属性、影響度（情報が漏洩または改ざんされた場合の影響の大きさの概算）から、例えば以下の3段階で定義します。

ランク1 業務、顧客などのステークホルダー、自社の信頼・競争力に大きな影響を与える情報

ランク2 業務、顧客などステークホルダーへの影響が限定的と判断される情報

ランク3 業務の継続や顧客に影響しないか、影響がごく軽微な情報（例：影響範囲が部門内に限定）

(3) ユーザーの種別・数

ユーザーの属性（顧客か社内ユーザーか）と規模を整理します。ユーザーごとに想定されるリスクを考えることで、システム停止やデータ改ざん・漏洩による損害額、信用やブランド価値の低下などについての概算が可能になります。

(4) 他システムへの影響

連携先システムに与える影響を整理します。システム停止やデータ改ざん、漏洩が起こった際に連携先システムの動作やユーザー業務、顧客に対してどのようなサービス不全や効率低下が生じるのか推定します。

システムの重要度を定義する

(1) ～ (4) のリスク要素の影響度と発生確率から、システムの重要度を定義します。リスクの影響度を大、中、小の3段階で定義した例が以下です。

大 業務の継続や顧客取引に重大な影響を及ぼす

中 業務や顧客への影響が限定的と判断される

小 業務の継続や顧客に影響しないか軽微

発生確率の定義の例は次の通りです。

大 公開された情報・ツールなどを利用し、専門知識がない者でも攻撃ができる

中 高度な技術、専門知識を用いると攻撃ができる

表1 リスク評価・分析結果を受けたシステムの重要度の設定例

No.	システム名	主管部	システムの重要度	システム・情報資産の場所	情報資産の重要度・量	ユーザーの種別・数	他システムへの影響	影響度	発生確率
1	A システム	A 事業部	S	DMZ 上（Web 公開）	ランク 1（顧客データ）約 800 万ユーザー	外部顧客（約 600 万ユーザー）グループ社員（3000 ユーザー）	影響なし	大	大
2	B システム	B 事業部	A	DMZ 上（Web 公開）	ランク 2（取引先データ）約 200 社の取引先	取引先（約 200 ユーザー）グループ社員（約 50 ユーザー）	影響あり（取引先システム）	中	大
3	C システム	C 事業部	S	イントラネット内（非公開）	ランク 1（顧客データ）約 1500 万ユーザー	グループ社員（3000 ユーザー）	影響あり（顧客情報を利用する 20 システム）	大	中

⋮

小　攻撃手法・悪用方法が一般に公開されていない、または攻撃の実現が難しい

表 1 はリスク評価・分析結果を受けたシステムの重要度の設定例です。システムの重要度が定義されると、「守るべきもの」に必要なセキュリティレベルとリスクの対応優先度が設定できます。優先度の低いリスクは、費用対効果を検討のうえ「受容」「回避」「移転」などの対応方針を決めて、技術的な対策の実装対象から除外することも検討します。

セキュリティ要件の具体化

要件定義と基本設計のプロセス

守るべきものを明確化できたら、要件の具体化に入ります。まずはセキュリティのシステム要件定義です。守るべきものに必要なセキュリティレベルとリスクの対応優先度から要件定義と設計の方針を決定し、セキュリティの要件をシステム視点で捉え直します。その際、二つの原則を認識しておきます。

(1) セキュリティ要件は機能・非機能の両面を持つ

一般的にセキュリティは非機能要件（システム基盤に機能が実装された結果の機密性・完全性・可用性）として扱われますが、それを実現する機能要件としても捉えるべきです。例えば、「正規ユーザーのみがシステムに接続できる」ため

表2 技術面以外の主な対策の状況

組織・規程	セキュリティ専門の組織があり、方針など各種セキュリティ規程類が整備されている
リスクマネジメント	平時や有事のリスク管理体制（インシデント対応態勢など）が十分に整備されている
コンプライアンス	業界の基準（例えばPCI DSS）に準拠し、各種法令違反がないように徹底されている
物理対策	サーバールームやOA利用環境において、OA利用環境において、入退室管理やクリアデスク、装置の保護が徹底されている

の認証機構は、機能としての実装が必要です。従来は十分な工数が積まれずに開発側任せとなり、機能不足や手戻りが生じることが少なくありませんでした。

(2) 技術対策はセキュリティ対策の一部分である

セキュリティ対策は技術面の対策とそれ以外を合わせて考えるべきです。企業のセキュリティ方針や対策状況によって、システムに実装すべき要件の範囲・程度は変わります。技術対策に加え、組織・規程、リスクマネジメント、コンプライアンス、物理対策の視点でセキュリティ対策の全体を考える必要があります。これらは互いに補完してシステムを取り巻く企業内外の様々なリスク要因（脅威・脆弱性）を減じます。

例えば、強固な入退室管理が行われているデータセンターは内部不正に対する防御力が高いため、社内ユーザーのアクセス制御は最小限に留めることが可能です。また、リスク管理やインシデント対応の体制が整備された企業では、サイバー攻撃の検知・対応の能力が高いため、システム構築では防御（予防策）の強化に徹したほうが効率的な場合があります。

このように本来のシステム要件定義は、全社的なセキュリティ対策状況の評価を基に企業およびシステムのあるべき姿を設定し、守るべきものへの対応方針を検討するのが第一歩となります。今回は話を単純化するため、技術面以外は**表2**の対策状況とします。

セキュリティ要件を三つの軸に展開する

セキュリティ要件を言語化するには、段階的な詳細化が有効です。具体的には、

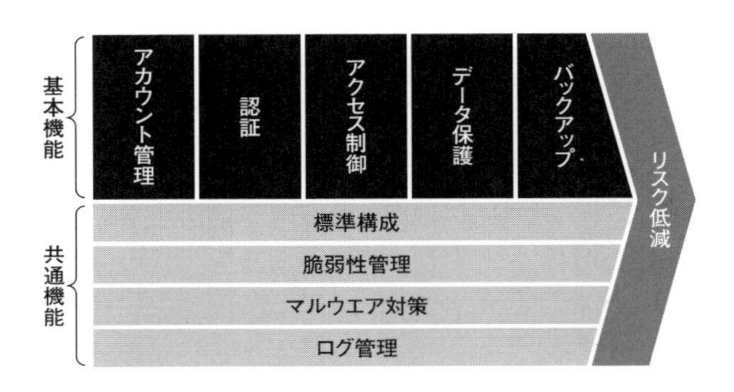

図2 セキュリティリスクチェーン

セキュリティの業務要件を技術対策の「広さ」「段階」「深さ」の軸で徐々に詳細化しながら、基本設計の粒度まで展開します。

(1) 広さ：対策領域を具体化する

まずは**図２**の九つの対策領域ごとに要件を検討します。アカウント管理、認証、アクセス制御、データ保護、バックアップの五つは、識別→認証→認可→保護→複製という、ユーザーから情報資産までの一連の流れでリスクを軽減する「基本機能」を表します。標準構成、脆弱性管理、マルウエア対策、ログ管理の四つは、基本機能を補完する「共通機能」を表します。

これは「ユーザーによりシステムに登録された情報資産（生み出された価値）に対する様々なリスクへの技術対策を、網羅的につなぎ合わせたもの」といえます。経営戦略のバリューチェーン（原材料調達から顧客への製品・サービス提供まで価値を創出する企業活動を、網羅的につなぎ合わせたもの）になぞらえ、筆者は「セキュリティリスクチェーン」と呼んでいます。

アカウント管理：適切なユーザーだけがシステムに利用登録されるようにするため、アカウントの申請・承認、発行・変更・削除、ポリシー制御、棚卸、モニタリングなどを行います。例えば、不要な高権限を有するアカウントや長時間ログインしたままのアカウントはなりすましに利用されやすいため、利用停止・削除・登録禁止や強制ログアウトなどの機能を持たせます。また、ブルートフォース（総当たり）攻撃や辞書攻撃で突破されにくい強固なパスワードポリシーの設定も有効です。

認証：正規のユーザーだけをシステム（アプリケーション、データベース、OS）にログインさせるため、認証アカウントの登録・管理、認証方式の設定、ログイン管理、モニタリングなどを行います。例えば、強い認証アルゴリズムや認証基盤を採用します。認証メカニズムが脆弱だと、アカウント管理を徹底しても盗聴やパスワード推測で不正ログインを許してしまうためです。リモートログインでは生体認証や端末認証を併用した多要素認証も有効です。

アクセス制御：認証されたユーザーを必要最小限のデータにアクセスさせるため、境界防御、役割・権限の割り当て、重要データの分離や棚卸、モニタリングなどを行います。高権限プロファイルを一般ユーザーに与えたり、重要データの参照・更新・削除を全ユーザーに許可したりしていると、認証を突破された場合に重要情報の漏洩につながります。「最小権限の原則」に従って、ユーザー権限プロファイルや重要データの操作権限をデータベースやOSの機能で制限します。

データ保護：非正規のユーザーまたは権限でデータにアクセスされた場合に備え、データ・ファイルシステム・通信経路の暗号化、保護対象の棚卸、モニタリングなどを行います。例えば、パスワードが保護されていないと管理者アカウントが乗っ取られやすくなるため、パスワードファイルのハッシュ化や暗号化が必要です。また、攻撃者が目的とする情報が暗号化されていれば、認証やアクセス制御が突破されても解読に時間がかかり、その間に検知・対応ができます。

バックアップ：システムの機密性・完全性・可用性が阻害された場合にデータおよびシステムを元の状態へ復旧させるため、バックアップの計画、取得・保管、復元、システム復旧などを行います。例えば、攻撃者によりデータの破壊や改ざんなどを受けた場合にデータが消失しかねないため、平時から計画的なバックアップを実施して世代管理を行い、さらに定期的に復旧テストを実施します。また、保管場所へのアクセスにも気を付ける必要があります。

標準構成：システムを形成する様々なコンポーネントを、標準化された健全な状態に保って有効に機能させるため、システムの標準設定、システムの構成管理、変更管理、棚卸、モニタリングなどを行います。例えば、場当たり的に追加機能の開発がなされるとデグレードや不整合が生じやすくなるため、プログラムのバージョン管理を徹底する仕組みを持たせます。OS設定時に脆弱性を組み込まないサーバーの標準キッティングイメージの利用なども有効です。

脆弱性管理：システム構築の過程で脆弱性を作りこまないように、脆弱性情報の収集や評価、修正プログラム適用、セキュアコーディング、脆弱性診断、モニタリングなどを行います。例えばアプリケーションが脆弱な場合は、SQLインジェクションやクロスサイトスクリプティングなどの攻撃を受ける危険がありますが、入出力制御の徹底や標準ライブラリの使用で防げます。脆弱性を検証するために、リリース前および定期的なアプリケーションのペネトレーションテストやプラットフォームの脆弱性診断も有効です。

マルウエア対策：外部から入り込むマルウエアからシステムを守るために、マルウエア情報の収集と対策ツール管理、アプリケーションの実行制御などを行います。例えば、悪意あるサイトにアクセスして、端末にマルウエアがダウンロードされることが想定される場合は、拡張子ベースのきめ細かいアプリケーション実行制御や、感染を封じ込めるネットワーク制御または検疫が有効です。また、感染の検知力を上げる対策ソフトのパターンファイル更新や、端末の管理者権限のはく奪なども有効です。

ログ管理：平時はシステムやユーザーの挙動を正確に把握し、有事には問題へ迅速に対処するため、ログの時刻同期や保管・保護、モニタリング、分析、監査などを行います。例えば、不正アクセスで情報漏洩や改ざんが生じた場合も、攻撃者のアカウントを特定し行動・操作履歴をトレースできるログを取得していれば、被害の拡大防止や犯人の追跡、データ復旧に役立ちます。また、SIEM（セキュリティ情報イベント管理）やSOC（セキュリティオペレーションセンター）との連携も視野に入れます。

(2) 段階：対策ステージで分解する

対策領域ごとに捉えた要件を、対策ステージ（米 NIST の Cybersecurity Framework に準拠）に分解します。分解の考え方は「平時に守るべき情報資産を把握・管理（特定）し、資産への攻撃を予防（防御）する。そして防御壁を突破された場合に事象を検知（検知）し、被害を最小化する各種対応（対応）を行い、システムを平時の状態に戻す（復旧）」というものです。

具体的には、アカウント管理での“特定”は「アカウント登録」（例：正規のユーザーだけが登録できる申請のフォームや仕組みを採用する）、“防御”は「アカウント統制」（例：アカウント情報とパスワードルールを管理・制御する）となります。検知、対応、復旧はそれぞれ「アカウント監視」「アカウント停止」「アカウント復旧」となります。

このようにシステムのセキュリティ要件を漏れなく捉えることが、要件定義工程のミッションとなります。この段階では実装方式を考えず、業務やシステムの「あるべき姿」を基に要件を定義し、「セキュリティ要件定義書」として言語化します。

そして、システムの所管部門や企画部門と協議し、盛り込むべきセキュリティ要件の妥当性を確認して確定します。妥当性確認の際には、システム戦略や中長期計画、全社のセキュリティ方針やセキュリティ標準・規程など上位文書との整合性を図ります。

(3) 深さ：対策するレイヤーに展開する

セキュリティ要件定義書にまとめられたセキュリティのシステム要件を、アプリケーション、ミドルウエア、OS、サーバー、ネットワークといった各レイヤーでどう実装するかを検討します。多くの場合、基本設計工程で実施することになります。設計に当たっては、開発コスト、工数、期間、各レイヤーでの脅威や技術対策状況、顧客要件などの制約を考慮します。

例えば、データセンター内の環境上にシステムを構築する場合は、強固な共通システム基盤（サーバー、ネットワーク）を信頼して OS 以上のレイヤーで対策を考えます。クラウド基盤の利用でベンダーが OS までセキュリティ対策を保証する場合は、ミドルウエアとアプリケーションのレイヤーでのセキュリティ対策に集中できます。このほか、外部非公開のシステムでは、内部不正を想定したアカウント管理やアクセス制御に集中するという割り切りもできます。

自社のリソースや現状の対策レベルを考慮して、レイヤー横断でどんな機能を持たせるかという視点も重要です。例えば、自社にデータベースの監査機能を使いこなせる人材がいない場合は、監査ログ（ログ管理の「検知」ステージの機能）はOSの機能で取得するという方針が考えられます。

あらゆる対策を全レイヤーで実装すると対策の重複や煩雑化を生み、実装・運用コストの肥大化につながります。各レイヤーに必要最小限な要件を考えることで、効率性を保ちつつ基本設計の品質を担保できます。

表3 抜け漏れを防ぐフレームワーク

要件定義		特定	防御	検知	対応	復旧
基本機能	アカウント管理	アカウント管理対象の特定	アカウント統制	アカウント監視	アカウント停止	アカウント復旧
	認証	認証対象の特定	認証	認証監視	認証の停止	認証の復旧
	アクセス制御	アクセス制御対象の特定	アクセス制御	アクセス監視	アクセスの遮断	アクセスの復旧
	データ保護	データ保護対象の特定	データ保護	データ改ざん・漏洩範囲の調査	データ改ざん・漏洩対処	データの復旧
	バックアップ	バックアップ対象の特定	バックアップ取得	バックアップ監視	バックアップ復元	システムの復旧
共通機能	標準構成	標準構成の特定	構成管理	構成監視	構成復元	標準構成の復旧
	脆弱性管理	脆弱性情報の特定	脆弱性管理	脆弱性診断・監視	脆弱性暫定対処	脆弱性監査・報告
	マルウエア対策	マルウエア情報の特定	マルウエア遮断	マルウエア監視	マルウエア駆除・封じ込め	マルウエア感染対象の復旧
	ログ管理	ログ管理対象の特定	ログ取得・保管	ログ監視	ログ調査・分析	ログ監査・報告

基本設計（アプリ）		特定	防御	検知	対応	復旧
基本機能	アカウント管理	アカウントの申請・登録	アカウントポリシー統制	アカウント棚卸・利用監視	アカウントの無効化	アカウントの有効化
	認証	認証方式・対象の定義	ID・端末・生体による認証	ログイン監視	ログインの無効化	ログインの有効化
	アクセス制御	役割の定義	役割によるアクセス制御	アクセス状況の監視	アクセス権限の無効化	アクセス権限の有効化
	データ保護	暗号化方式の定義	通信・処理の暗号化	要件定義の詳細化	要件定義の詳細化	要件定義の詳細化
	バックアップ	要件定義の詳細化	要件定義の詳細化	要件定義の詳細化	要件定義の詳細化	要件定義の詳細化
共通機能	標準構成	プログラム構成の把握	プログラム構成管理	プログラム構成監視	モジュールの復元	プログラム構成の復旧
	脆弱性管理	プログラムの脆弱性の把握	セキュアコーディング	アプリケーション診断	プログラム修正・パッチ適用	バージョンアップ
	マルウエア対策	要件定義の詳細化	要件定義の詳細化	要件定義の詳細化	要件定義の詳細化	要件定義の詳細化
	ログ管理	ログ出力要件の定義	アプリケーションログ出力	アプリケーションログ監視	アプリケーションログ調査・分析	アプリケーションログ監査・報告

以上の検討結果を、要件定義や基本設計で言語化します。この先は通常のシステム開発と同様、開発者やベンダーに引き継ぎます。セキュリティの上流工程担当者は、要件定義、基本設計の内容が後続工程で確実に実装・検証されるよう、品質管理の立場でシステム開発に関わるのが理想です。

チェックリストで抜け漏れをなくす

要件を漏れなく検討してドキュメント化するのは難しい作業です。そこで、要件・設計項目の洗い出しと取捨選択、さらに設計レビューや受け入れテストにも有効なチェックリスト形式の検討アプローチを紹介します。

表3上は要件定義のフレームワークです。九つの対策領域について、五つの対策ステージに対応する抽象度の高い要件定義カテゴリーを示しています。表3下は、五つの対策レイヤーに展開した基本設計のフレームワークです。ここではアプリケーションレイヤーの基本設計カテゴリーを例示しました。ミドルウエア、OS、サーバー、ネットワークといったほかのレイヤーも同様に作成できます。

対策領域の定義の仕方やシステム構成、用途によっては、カテゴリーを定義できない場合もありますが、それで構いません。「ない」と認識する、またはほかのレイヤーで担保することで漏れがなくなります。

要件定義フレームワークは非機能要件（機密性・完全性・可用性）の観点、基本設計フレームワークは機能要件の観点になっています。カテゴリーごとに要件、基本設計の項目を洗い出して、「設定値」「リスク」「優先度」「代替策」を検討します。

例えば設定値は、「アカウントの有効期限は90日、パスワードは英数字と記号を含む7文字以上」といった推奨値を記載します。リスクは「開発時に標準ライブラリを用いない場合、ユーザー入力値のエスケープ処理にSQLインジェクションなどの脆弱性が残存する」など設計項目を実装しない場合の影響を記載します。

優先度は必須要件か推奨要件かの目安となります。例えば「Must、Should、Better」の3段階などで定義します。「短期と長期」「平時と有事」で取捨選択するといいでしょう。短期と長期とは、リリース前に必須か、リリース後の実装かという観点です。予算計画や納期、リソースなどを勘案して中長期の計画を考えます。平時と有事とは、定常運用で必須か、緊急時のみに必要かという観点です。

例えば、ログ監査はリリース後に定期的に外部ベンダーにチェックを一任し、定常運用では必要なログを自動的に取得し監視する、という優先度付けも可能です。

代替策は「専門家によるアプリケーション診断を受ける」「運用においてアクセス権の棚卸で検知機能を補完する」など、設計項目を実現できない場合に要件を担保する代替的な方法のことです。ここでは「方式と運用」を考えます。要件をシステム的に実現するか、運用でカバーするかといった観点です。例えば棚卸用の機能は実装せず、目視確認でアカウントを統制するといった方法が考えられます。

これらは、後続工程における要件の微調整や変更管理の判断材料となります。品質、コスト、期間、開発者のスキルなどの制約による変更があっても、円滑に対応できます。

以上を表形式でまとめ、チェックリストとして機能させるため「判定」「備考」欄を追加します。判定にはOK、NG、N/Aなどを記載し、その根拠やNGの場合の代替策を備考欄に記録します。こうすることで要件を漏れなく追跡でき、要件定義書や基本設計書の作成、変更管理が容易になります。

まとめ

- 上流工程では、実装工程以前に把握できる情報からリスクと優先的に実施する対策を明確化し、要件を設計に盛り込む
- 四つの観点でリスクを評価・分析して、守るべきものを明確化する
- セキュリティ要件を段階的に詳細化することで、要件や設計方針を漏れなく言語化する

アプリケーションを守る「IAM」不適切な設計だと情報漏えいに

アプリケーション層のセキュリティを実現する上で重要な要素が「アカウント管理」「認証」「アクセス制御」だ。人事制度を踏まえたアカウントライフサイクル定義、守るべき情報資産のリスク評価と認証強度の検討、組織・業務形態に応じた権限制御モデル定義など、上流工程の重要性は大きい。

ここからは、システム開発の上流工程を担当するエンジニアが押さえておくべき、セキュリティ設計のポイントを解説します。アプリケーションのセキュリティを構成する重要な要素が、「IAM」(Identity and Access Management) です。IAMとは「アカウント管理」「認証」「アクセス制御」のことで、適切な権限を持つユーザーやシステムに対して、情報リソースへのアクセス権限を提供する基礎となります。IAMが適切に設計・管理されていないと、故意、過失を問わずに情報の漏えいリスクが高くなります。

実際、業務委託先の社員が機密性の高い情報を外部に持ち出す、退職者が遠隔で社内システムにアクセスして情報を持ち出す、といった内部による情報漏えい事案が後を絶ちません。業務委託先の社員が本来アクセスできない情報にアクセスできた、退職者のアカウントが迅速に削除されなかったといった問題があったためです。こうしたリスクを低減するには、適切なIAMの設計が重要です。

では、アカウント管理、認証、アクセス制御とは何を意味するのでしょうか。例として、企業内で営業情報を共有するシステムを考えてみましょう。

営業担当者がシステムにログインし、所属している部門の営業案件の進捗状況を参照したり、担当する案件の進捗状況を更新したりできるとします。このとき、ログインアカウント、所属部門や役職などの属性情報を管理するのが「アカウント管理」、アプリケーションにアクセスしているのが本人かどうかを確認するプロセスが「認証」、参照権限や書き込み権限を付与するのが「アクセス制御」です。

要件定義、基本設計フェーズでは、次のような事項を検討します(**図1**)。ア

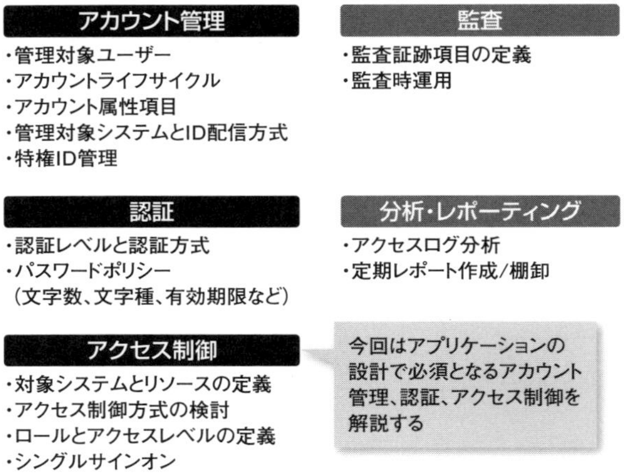

アカウント管理
・管理対象ユーザー
・アカウントライフサイクル
・アカウント属性項目
・管理対象システムとID配信方式
・特権ID管理

監査
・監査証跡項目の定義
・監査時運用

認証
・認証レベルと認証方式
・パスワードポリシー
（文字数、文字種、有効期限など）

分析・レポーティング
・アクセスログ分析
・定期レポート作成/棚卸

アクセス制御
・対象システムとリソースの定義
・アクセス制御方式の検討
・ロールとアクセスレベルの定義
・シングルサインオン

今回はアプリケーションの設計で必須となるアカウント管理、認証、アクセス制御を解説する

図1 IAMの構成要素と主な検討事項

カウント管理については、管理対象となるユーザー種別、アカウント管理方式、アカウントのライフサイクル定義、管理する属性項目、管理対象システムや特権ID管理などを検討します。認証については、要求する認証レベルに応じた認証方式、パスワードポリシーを検討します。アクセス制御については、対象のシステムや管理リソースの定義、リソースに対するアクセスを許可する方式の検討、ロール（役割）の設計を行います。複数のアプリケーションへのシングルサインオンについても検討します。

このほか、「監査」と「分析・レポーティング」についても検討します。監査では残すべき監査証跡項目の定義と監査時の運用を、分析・レポーティングではアクセスログ分析の実施有無や、定期的なレポート/棚卸業務を検討します。

以降、IAMの重要要素であるアカウント管理、認証、アクセス制御での検討項目を具体的に解説します。

アカウント管理

ライフサイクルとひも付けて考える

企業内で利用するアプリケーションの場合、特定少数のユーザーだけが使用するアプリケーションを除くと、アカウントをアプリケーションごとに管理するのは好ましくありません。アカウント管理が煩雑化し、アカウントの削除漏れや権限変更漏れなどが発生するリスクが高くなるためです。

そこで、ID管理システムやActive Directoryなどのディレクトリー製品によるアカウントの中央管理を行うのが一般的です。ID管理システムによるアカウント情報管理の例は次のようなものです（**図2**）。ID管理システムにアカウントのマスターを集約し、認証ディレクトリーや各アプリケーションに対してアカウント配信を行います。こうしたアカウント情報管理を実施する場合に、検討すべきポイントを以下に示します。

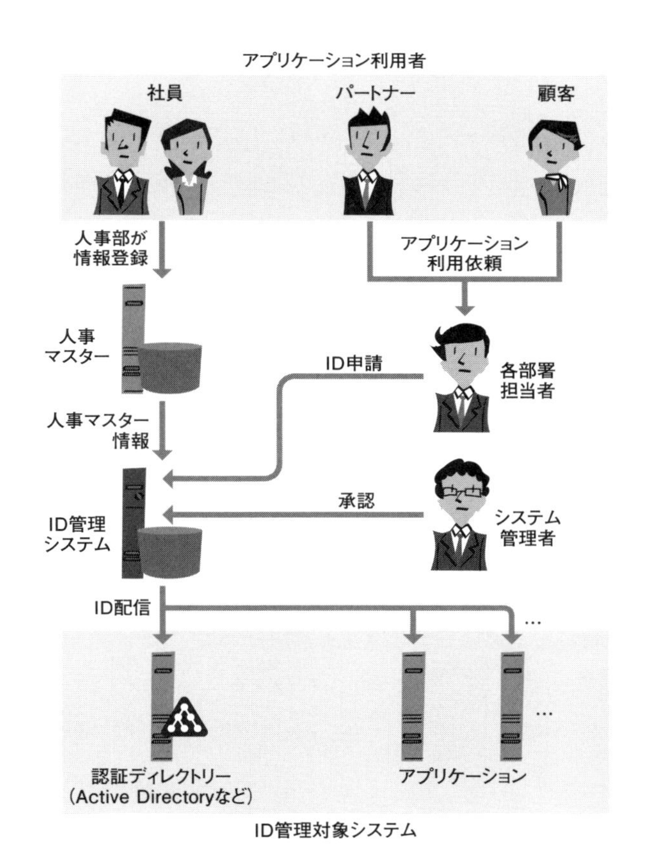

図2 ID管理システムによるアカウント情報の中央管理

(1) 管理対象とするユーザーの決定

アプリケーションの利用者として、どのようなユーザーを管理対象とするかを検討します。一般的な社内システムの場合、社員、業務委託先などのパートナーなどが考えられます。システムをサービス提供や情報共有などの目的に利用する場合は、顧客アカウントも管理対象に含めるかどうかを検討します。

(2) アカウントライフサイクル定義

管理対象のユーザー種別ごとにアカウントのライフサイクルを定義します。社員の場合、入社 / 人事異動 / 昇格 / 出向 / 退職などの人事上のイベントが考えられます。これらのイベントがトリガーとなり、アカウントの作成→属性・権限変更→削除といったライフサイクルが生まれます。

アカウントの状態が遷移するトリガーイベントはユーザー種別によって異なります（**表 1**）。ユーザー種別ごとにどのようなイベントが発生するか、要件定義フェーズで洗い出しておく必要があります。トリガーイベントによって、アカウントの生成や変更を行います。その際に使用するユーザーの属性データや業務フローは、ユーザーの種類によって異なります。

例えば、社員アカウントの場合は、人事部で管理している人事マスターデータからの情報連携が正確性・即時性の観点から適切です。一方、パートナー、顧客などは個々の部署ごとに契約を管理することになるでしょう。ワークフローシステムなどで個々の部署からアカウント申請を行い、システム管理部門で承認を行

表1 アカウントライフサイクルと発生起因イベント

アカウントライフサイクル	ユーザー種別ごとのトリガーイベント		
	社員	パートナー	顧客
作成	・入社	・委託契約開始 ・担当者変更	・契約開始 ・担当者変更
属性・権限変更	・人事異動 ・兼務 ・昇格・降格	・委託契約変更	・取引契約変更
無効化	・休職 ・出向	-	・契約中断
有効化	・復職 ・出向解除	-	・契約再開
削除	・転籍 ・退職	・担当者変更 ・委託契約終了	・担当者変更 ・契約終了

うことになります。

それぞれのイベントでどのような手順でアカウントの作成や変更を行うのか、業務フローを検討しておく必要があります。

(3) アカウント属性項目

アカウントに関連付く属性項目を定義します。属性項目には、ID管理システムで管理すべき汎用的な項目と、個別アプリケーションごとに管理する項目があります。ID管理システムでは、アカウント名、氏名、メールアドレス、所属部署、役職などの複数のアプリケーションで共通的に利用可能な属性項目を管理します。個別アプリケーションでは、業務特性に応じて必要な固有の属性項目を管理します。データメンテナンスの主幹部門がどこかも含めて明確にしておく必要があります。

(4) 管理対象システムとID配信方式

ID管理システムからID配信する対象のアプリケーションと、それぞれに対する配信方式を定義します。配信方式としては、CSVデータ連携、アプリケーション独自APIのほか、SCIM（System for Cross-domain Identity Management）などのID配信の標準APIを使用する方式が考えられます。それぞれのアプリケーションに対してどのような手段でID配信が可能なのか確認し、方式を決定します。自動配信が困難な場合、手作業をベースとしたID配信の業務フローを検討します。また、各システムへの配信タイミングも合わせて検討します。

(5) 特権ID管理

特権IDはシステムの管理アカウントです。アプリケーション、OS、DBMSなどの設定変更やデータメンテナンスに使用されます。その権限の大きさから、悪用されると機密性の高い情報の流出につながる恐れがあります。特権IDは必要最小限、必要な期間だけ貸与するようにすべきでしょう。そのため、申請／承認フローで特権IDとパスワードの払い出しを行い、使用後にパスワードを変更するなどの運用上の考慮や、後述する強固な認証手段の検討、特権ID利用時の作業ログの定期監査や棚卸しなどを実施する必要があります。

認証

特権IDの信頼レベルに応じて方式を選択

ユーザー認証には様々な手段があります。最も一般的な方式はパスワード認証です。機密情報や特権IDなど第三者に認証が突破されてしまった場合に想定されるリスクが大きい場合は、パスワード以外の要素を組み合わせた認証方式など、より厳重な手段を検討する余地があります。

認証手段の選定では、業務やシステムの重要性に応じてID情報の信頼度を定義する「アイデンティティ保証レベル（Level of Assurance：LoA）」という考え方が有用です。LoAはOMB（米国合衆国行政管理予算局）が作成したガイドラインで定義されています。米NIST（国立標準技術研究所）の電子認証に関するガイドライン「SP800-63」は、LoAをベースにしています。LoAに応じた「認証信頼レベル（Authenticator Assurance Level：AAL）」を設定し、認証手段を使い分けることを推奨しています（**表2**）。

米国政府機関向けのガイドラインとして作成されたものですが、便利な考え方なので一般に広く利用されています。AALは次のように説明されます。

(1) AAL1（単一要素による認証）

一つの要素だけで認証を行います。一般的にはパスワードやPINなどユーザーが記憶する「記憶シークレット」が用いられます。ユーザーが保持するデバイス（携

表2 認証信頼レベルごとに求められる認証手段の例

米NIST SP800-63-Bから抜粋・翻訳

認証信頼レベル	認証手段
AAL1	以下を**単一**で使用可能 ・記憶シークレット（パスワード、PINなど） ・ルックアップシークレット（乱数表など） ・経路外デバイス（携帯電話へ送られるOTPなど） ・OTPデバイス、暗号デバイスなど
AAL2	**記憶シークレットに加えて**以下を組み合わせる ・ルックアップシークレット（乱数表など） ・経路外（携帯電話へ送られるOTPなど） ・単一要素OTPデバイス（OTPトークン） ・単一要素暗号ソフトウエア ・単一要素暗号デバイスなど
AAL3	以下のどちらか **・多要素暗号デバイス** **・記憶シークレット＋単一要素暗号デバイス**

OTP：ワンタイムパスワード

帯電話、ワンタイムパスワード（OTP）デバイスなど）を使用する方式もあります。

(2) AAL2（二要素認証）

いわゆる「二要素認証」と呼ばれるものです。「記憶シークレット」に追加する認証手段として、乱数表などの「ルックアップシークレット」、携帯電話へのコード送信などの「経路外」、OTP トークン、クライアント証明書などの「単一要素暗号ソフトウエア」「単一要素暗号デバイス」などが候補になります。

単一要素暗号デバイスとは、保護された暗号鍵を用いて認証を行うハードウエアデバイスです。例えば、IC カードや USB ドングルなどがこれに当たります。通常はパスワードによる認証の後、さらに登録済みの IC カードや USB ドングルで追加認証を行うなどの手順で行われます。

(3) AAL3

レベル 2 より厳格な認証手段が求められるレベル 3 では、「記憶シークレット」と「単一要素暗号デバイス」の組み合わせ、もしくは「多要素暗号デバイス」での認証が求められます。多要素暗号デバイスとは、「単一要素暗号デバイス」を有効化するための追加認証が必要なハードウエアデバイスです。例えば、指紋認証を行うことで有効化される USB ドングルなどです。

認証方式はリスクに応じて選択する

認証強度はやみくもに強化すれば良いというものではありません。システムの認証にどういったリスクがあるのか適切に評価して、それに応じて手段を選ぶ必要があります。前述の SP800-63 では、認証時のリスク評価として、「もし認証が他人に突破されてしまったら、どのような被害が生じるか」を考慮したうえでの認証手段の選定を推奨しています。

表 3 に NIST の認証リスクの評価基準を示します。評価軸には（1）利便性の低下、(2) 金銭的損失、(3) 業務影響、(4) 重要情報の流出、(5) 身体的危害、(6) 犯罪被害——の 6 点が挙げられています。このうち一つでもリスク「高」の項目がある、もしくは、身体的危害が「中」であれば、AAL3 に対応した認証手段を実装することが求められています。リスク「中」が一つでもある、もしくは業務

表3 認証が他人に突破されてしまった場合のリスクと認証信頼レベル

認証信頼レベル　AAL1　AAL2　AAL3

リスク種別	リスク低	リスク中	リスク高
(1) 利便性の低下	短期間の限定的な利便性低下	長期間の限定的な利便性低下 または短期間の重大な利便性低下	長期間の重大な利便性低下
(2) 金銭的損失	金銭損失影響小	金銭損失影響中	金銭損失影響大
(3) 業務影響	業務オペレーションや公共の利益に対して限定的な悪影響	業務オペレーションや公共の利益に対して重大な悪影響	業務オペレーションや公共の利益に対して致命的な悪影響
(4) 重要情報の流出	影響度の小さい重要情報の限定的な流出	影響度の大きい重要情報の流出	致命的な影響度のある重要情報の流出
(5) 身体的危害	治療が必要とならない程度の危害	限定的な治療を伴うような危害	重大な傷害や死につながる危害
(6) 犯罪被害	法的な取り締まりの対象にならない被害	法的な取り締まりの対象となりうる被害	重大な法令違反となる被害

影響、重要情報の流出、身体的危害、犯罪被害に「低」でもリスクがあればAAL2以上の認証手段、それ以外であればAAL1以上の認証手段が求められます。

要件定義では、この基準を参考にアプリケーションの業務特性、取り扱う情報資産の重要度を検討します。どのようなリスクが存在するかを適切に評価し、必要に応じてパスワード以外の強固な認証手段の組み合わせも視野に入れます。

パスワードポリシーと運用の定義

ほとんどのケースでパスワード認証を利用することになるでしょう。ここでは、パスワードポリシーを設計する際に検討すべき項目を解説します（**表4**）。

各項目について、どのような値を定義したら最も好ましいか、一概に使用できる基準はありません。パスワードポリシーを複雑にするとセキュリティレベルが高まりそうですが、必ずしもそうではないのです。

米NISTのガイドライン「SP-800-63-B」では、パスワードの定期変更や複数文字種の組み合わせの強制は非推奨としています。「長さや複雑さを要求しても、ユーザーは“Password1!”などの推測されやすいものを選択してしまう」「定期変更を強制すると、変更のたびに“先頭か末尾に付けた数字を変えていく”といった安易なルールで対応してしまう」といった要因により、推測の難易度には寄与しないと考えるからです。

一方、推測されやすいパスワードのブラックリスト化や、一定時間当たりの認証試行回数の制限（スロットリング）は推奨されています。これまでアプリケーションで使用してきたポリシーやNISTのガイドラインなどを参考に、適したポ

表4 パスワードポリシー設計時の考慮事項

項目	考慮すべきポイント
長さ	パスワードの最小文字数をいくつにするか
文字種	パスワード文字種を何にするか
有効期間	同一パスワードをいつまで利用可能とするか
期限通知	有効期限をユーザーにどのように通知するか
世代管理	過去に使用したパスワードを何世代前まで再利用禁止にするか
ブラックリスト	使用禁止文字列を何にするか
変更	パスワードをどのように変更させるか
リマインダ	パスワードを忘れた際にどう対処するか
ロック	認証失敗時にアカウントをロックするか
ロック解除	ロックをどのように解除させるか

リシーを選択すべきです。

なお、パスワードロック時の解除やパスワードを忘れた場合の対応は、ユーザーからの問い合わせを基に管理者やヘルプデスクが対応します。発生時の運用業務フローを合わせて検討しておく必要があります。

アクセス制御

二つの方式を組み合わせる

「認証」がアクセスしているユーザーが本人かどうか確認するプロセスであるのに対し、「認可」はユーザーに対して権限を割り当て、特定のリソースに対するアクセスを許可することです。アクセス制御は、認可を実現するプロセスです。

アクセス制御の設計では、まずはどのようなリソースが存在するのかを明確にします。リソースの単位としては、アプリケーション、アプリケーション上の機能やボタン、アプリケーション上で取り扱うデータなどが考えられます。次に、そのリソースにアクセス可能な権限の設計を行います。権限割り当ての代表的なモデルには、「ロースベースアクセス制御（RBAC）」と「属性ベースアクセス制御（ABAC）」の大きく二つの方式があります（**表5**）。

(1) ロースベースアクセス制御（RBAC）

RBACはユーザーの「役割（ロール）」を基にしたアクセス制御モデルです。ロールを定義することで、柔軟なアクセス制御を行えます。ロールの単位としては部署、役職、担当業務などがあります。組織横断的プロジェクト用のロールや一定

表5 代表的なアクセス制御モデル

分類	特徴
ロールベース アクセス制御（RBAC）	・役割（ロール）に基づくリソースへのアクセス制御 ・ロールの単位としては部署、役職、担当業務など ・柔軟なアクセス制御を実現可能 ・きめ細かなアクセス制御には不向き
属性ベース アクセス制御（ABAC）	・ユーザーの属性値に基づくリソースへのアクセス制御 ・きめ細かなアクセス制御も実現可能だが、アクセス制御ロジックが複雑化する ・運用の柔軟性は RBAC に比べ劣る

期間のみ利用するロールを定義することも可能です。一方、ロールを細分化しすぎると、メンテナンス負荷が膨大となります。運用ミスによるユーザーのロール解除漏れや、使われなくなったロールが長期間残ってしまうことも考えられます。きめ細かなアクセス制御には不向きです。

(2) 属性ベースアクセス制御（ABAC）

ABAC はユーザーの属性値に基づいてリソースへのアクセスを制御します。例えば「A 部に所属し、かつ役職が管理職以上」といった条件を満たした場合にアクセスを許可するといった制御を行います。ユーザー属性として多数の項目を定義している場合、それを利用してきめ細かなアクセス制御を実現することも可能です。ただし、アクセス制御ロジックが複雑になるうえ、定義されていない属性を条件として使用できないため、運用の柔軟性は RBAC よりも劣ります。

これらはアクセス制御を実現したい粒度と、運用負荷のバランスを考えて設計する必要があります。例えば、基本的なアクセス制御は RBAC をベースとし、アプリケーション固有の要件で情報や機能の出し分けをしたい場合は ABAC を組み合わせる、などの工夫が考えられます。

シングルサインオンで利便性向上と運用負荷軽減

認証・アクセス制御を複数のアプリケーション間で統合的に実現する方法として、「シングルサインオン（SSO）」があります。一度認証することで、複数のアプリケーションやリソースへアクセスできるようになります。ユーザーの利便性が向上するだけでなく、ユーザーのパスワード忘れなどによる管理部門の運用負

表6 SSOの代表的な方式とその特徴

SSO方式	メリット	デメリット
エージェント方式	エージェントに対応しているWebサーバーであればアプリケーションの改修が不要	エージェントに対応していないプラットフォームの場合は利用できない
リバースプロキシー方式	エージェント導入やアプリケーション改修が不要	アクセスがプロキシーサーバーに集中するため、性能劣化が起きやすい
フェデレーション方式	「SAML」や「OpenID Connect」は多くのクラウドサービスが採用しており、対応したアプリケーションであれば連携が容易	独自開発アプリケーションの場合は改修が必要

荷も軽減できます。

SSOの検討では、要件定義フェーズで次の三つについて整理します。(1) どのシステムをSSOの対象にするのか、(2) 対象システムはオンプレミスか、クラウドサービスか、(3) 対象システムが対応しているSSO方式は何か。整理した結果に基づいて、基本設計フェーズで利用するSSO方式を選定します。方式によってはアプリケーションの改修が必要となるため、要件定義フェーズでの検討が不十分だとSSOの実現に必要なコストや期間を見誤ります。

SSOの代表的な方式は3種類あります(**表6**)。

(1) エージェント方式

Webアクセス時に生成されるクッキーを用いた方式です。SSO対象のWebサーバーに「エージェント」と呼ばれるソフトウエアをインストールし、エージェントは、その認証済みの識別情報をクッキーに入れてクライアントに返します。エージェントと認証基盤が連携し、最初のログイン時に認証を行い、以降はクッキー情報を基にエージェント(Webサーバー)が認証基盤にアクセスして認証します。

(2) リバースプロキシー方式

SSO対象のWebサーバーへ、認証基盤を挟んでアクセスを行う方式です。ブラウザーからのアクセスを認証サーバー(リバースプロキシーサーバー)が受け、そのリクエストをバックエンドに置かれたWebサーバーに中継する構造です。アプリケーションの対応が不要というメリットがある一方、中継サーバーへのアクセスが集中して性能劣化を起こしやすいデメリットがあります。

(3) フェデレーション方式

信頼関係を結んだシステム間で認証結果を連携する方式です。フェデレーションの仕組みを実現する「SAML」や「OpenID Connect」というフレームワークが標準化されおり、「Google Apps」「Office 365」「Salesforce」など多くのクラウドサービスやパッケージソフトが対応しています。アプリケーションが対応していない場合は、改修が必要になります。

クラウドで変わるSSO方式の選択

今後を見据えると、クラウドを意識したSSOアーキテクチャーも意識すべきです。スマートフォンなどのデバイスを使って、社外からクラウドサービスを利用する機会はますます増えるでしょう。アカウント管理、SSOをサービスとして提供する「IDaaS (Identity as a Service)」の利用も一つの手です。社内認証ディレクトリーで認証した結果を複数のクラウドサービスと連携し、SSOを実現できます。

まとめ

- アカウント管理、認証、アクセス制御はアプリケーション上でのセキュリティを構成する重要な要素で「IAM」と呼ばれる
- アカウント管理は人事制度なども踏まえたライフサイクルとひも付けて考える
- 認証には様々な方式があり、守るべき情報資産の価値に応じて適切な方式を選定する必要がある
- アクセス制御は大きく二つの方式があり、メリット、デメリットを見極めながら組み合わせて設計する

脆弱性管理とログ管理で日々発生する問題に対処

セキュリティインシデントが発生した際、運用フェーズでの対応が被害の発生や拡大を左右する。スムーズに対応するには、平常時の運用手順、脆弱性やログの管理方法、インシデント時の対応フローが欠かせない。上流工程でのセキュリティ観点の運用設計について解説する。

昨今のセキュリティ事件・事故を振り返ると、セキュリティインシデントの発生が判明した後にセキュリティ運用の課題が浮き彫りになるケースが散見されます。「対策が間に合わずに脆弱性を突く攻撃を受けてしまった」「セキュリティ監視ができておらず検知が遅れた」「必要なログが取得されておらず被害範囲を特定できなかった」などといったものです。

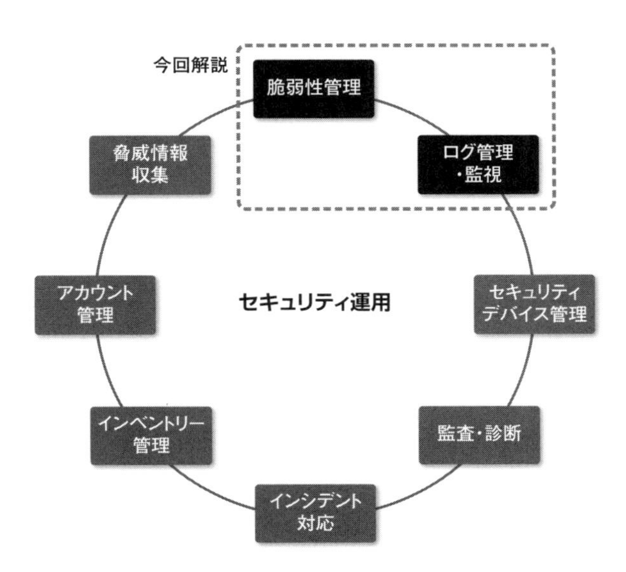

図1 運用フェーズでやるべきことは多岐にわたる

攻撃手法の高度化、巧妙化が進んでおり、インシデントは発生する前提でセキュリティ運用を考える必要があります。脆弱性が見つかるなどの新たな脅威が発生してから、被害が出るまでの時間的な猶予は短くなっています。システムを守り抜くには、セキュリティ運用を確実かつ迅速にやり続ける必要があります。

一言で「セキュリティ運用」といっても、その内容は多岐にわたります（**図 1**）。ここではその中でも、昨今のセキュリティインシデントで課題として挙げられることが特に多い「脆弱性管理」と「ログ管理・監視」について、システム開発の上流工程でどう取り組むべきかを解説します。

脆弱性管理

公表からわずかな時間しか余裕がない

世の中に公表される脆弱性の件数は、増加の一途をたどっています。利用しているプロダクトの脆弱性が公表されるたびに、バージョンアップや修正パッチの適用といった対応が必要になります。バージョンアップや修正パッチの適用で、よく聞く悩みは「検証に時間がかかり、スピード感を持った脆弱性対応ができない」といったものです。

以前からある悩みですが、昨今はさらに深刻になっています。脆弱性が公開されてから、実際の攻撃が発生するまでの時間が短くなっているからです。防御側となるユーザー企業には時間的な猶予がありません。

求められているのは、危険度が高い脆弱性が出た時に、迅速に対応できるようにすることです。システムをリリースして運用に入ってから考えるのではなく、上流工程で脆弱性対応フローを検討し、事前に準備しておくべきです。

脆弱性対応フローにおいて、ユーザーから聞こえてくる悩み、課題は以下のようなものが挙げられます。

- 脆弱性の数が多すぎて、どれが本当に対応すべき脆弱性なのか判断できない
- 攻撃者のスピードに対策が追いついていない
- 脆弱性対象のプロダクトがどこで使われているのか分からない

このような悩み、課題にどのように対処すべきか、具体例を交えて説明します。

5時間しか猶予のなかったStruts2の脆弱性

まず、脆弱性の公開から攻撃の発生までの時間が短くなっているという具体例を見てみましょう。2017年3月に発生した、Javaの Web アプリケーションフレームワーク「Apache Struts2」の脆弱性への攻撃は記憶に新しいと思います。複数の企業や団体でコンテンツの改ざんや情報漏えいが発生しました。

脆弱性の基本情報は**表1**の通りです。この脆弱性は、リモートから任意のコマンドが実行可能という非常に危険度が高いものでした。幅広いバージョンが対象で、Struts2を利用する多くの環境が該当しました。

脆弱性発覚からの流れを時系列で説明すると次の通りです（**図2**）。この脆弱性の存在が公表されたのは2017年3月6日夜でした。この時点では、攻撃コード（攻撃が可能なことを実証する検証用のコードでPoC：Proof of Conceptと呼ばれる）は公開されていませんでした。

2017年3月7日14時頃に攻撃コードが公開され、事態は一変しました。NRIセキュアテクノロジーズでは、この脆弱性を狙った初めての攻撃を、3月7日18時52分に検知しました。攻撃コードの公開を認知してから、わずか5時間後です。これ以降、攻撃は増えるばかりでした。数年前は、攻撃コードの公開から攻撃を受けるまで、1カ月近くかかっていました。

防御側の対応は、次のようなものでした。NRIセキュアテクノロジーズは7日14時頃に攻撃コードの公開を認識してから、緊急対応モードに切り替えました。攻撃コードの内容を解析して、攻撃を防御するための「シグネチャ」の作成を急ぎました。シグネチャとは、攻撃とみなすデータや振る舞いのパターンです。

表1 Struts2脆弱性の基本情報

対象プロダクト	Apache Struts2 2.3.5 ～ 2.3.31、2.5 ～ 2.5.10
CVE/ 脆弱性識別子	CVE-2017-5638 / S2-045
攻撃種別	Command ExecutionRemote
重要度	High
CVSS	10
攻撃コード	2017年3月7日14時頃に公開
NRIセキュアテクノロジーズでの初攻撃観測	2017年3月7日18時52分

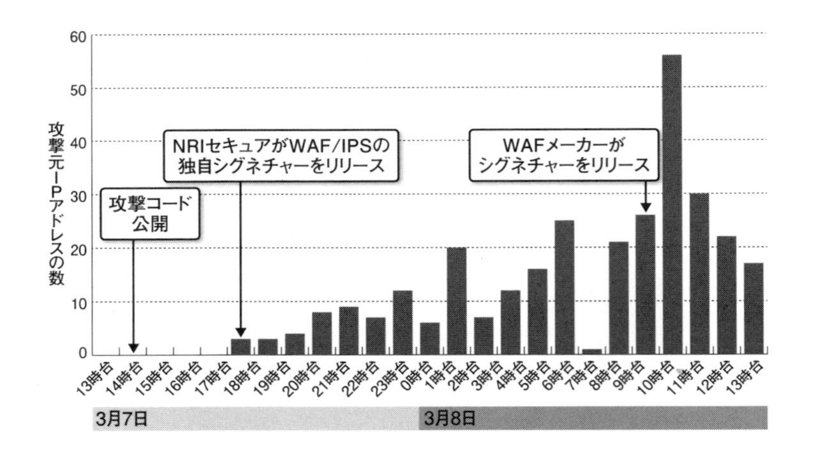

図2 Struts2脆弱性の発覚からの流れ

WAF（Web アプリケーションファイアウォール）や IPS（不正侵入防御システム）では、シグネチャを使って不正な通信を検知して遮断します。

シグネチャの作成に取り掛かってから 4 時間半後、3 月 7 日 18 時 30 分に作成が完了し、リリース可能と判断しました。なお、このシグネチャは NRI セキュアテクノロジーズが独自に作成したものです。WAF メーカーの公式なシグネチャのリリースは、3 月 8 日 9 時 30 分でした。図 2 を見れば分かる通り、この時点では既に多数の攻撃が来ています。WAF メーカーのシグネチャを待っていては手遅れになってしまう場合があります。

脆弱性対応フローを整備する四つのプロセス

Struts2 の脆弱性の事例から分かるように、脆弱性対応は 1 分 1 秒を争います。事前に脆弱性対応フローが整備できているか否かは、攻撃を防御できるか否かに直結します。脆弱性対応フローは上流工程で策定します。脆弱性対応フローで実施すべき項目には、以下に示す大きく四つのプロセスがあります。

(1) プロダクトとバージョンの一覧の作成

利用しているプロダクトおよびバージョンの一覧を作成します。あるプロダクトに脆弱性があることが分かった場合、この一覧と突き合わせて、脆弱性があるプロダクトがどこで利用されているのか、誰に連絡すべきなのかを判断します。このプロダクト/バージョン一覧は一度作って終わりではなく、随時、最新情報にアップデートする必要があります。こうしたアップデートの方法についても、上流工程で設計し、脆弱性対応フローの中に組み込んでおく必要があります。

Excelなどで資産台帳を作成して管理する方法が一般的ですが、最新情報へのアップデートに手間がかかったり、更新が遅れてしまったりする場合があります。情報のアップデートを徹底できないと、せっかく作成しても意味をなさないものになってしまいます。資産管理ツールなどを用いて定期的に情報収集してアップデートし、最新の情報を管理する方式を検討するのがよいでしょう。

(2) 脆弱性情報収集

利用しているプロダクトの脆弱性情報を収集します。メーカーのサポートサイトや情報セキュリティ機関などの情報源から情報収集したり、セキュリティベンダーが行っている脆弱性情報提供サービスを活用したりします。同じ業界内でサイバーセキュリティに関する情報を共有する枠組みである「ISAC（Information Sharing and Analysis Center）」が普及し、活性化しています。ISAC経由でのインシデント情報や脆弱性情報の収集も有益です。

上記の情報源から脆弱性情報を入手した時には、その脆弱性の危険度や発生条件などを分析し、該当有無や対応要否を判断します。対応が必要と判断された脆

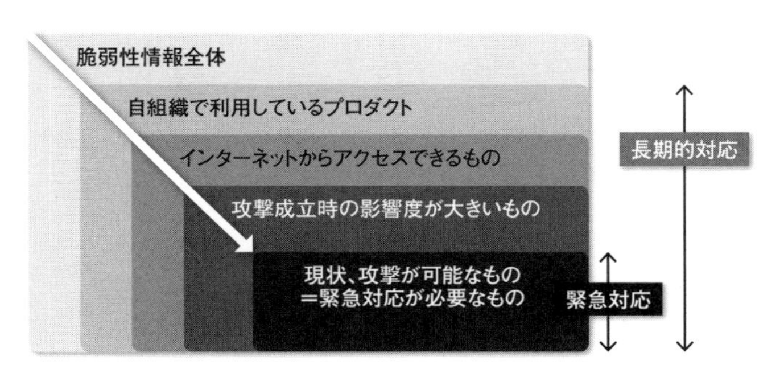

図3 対応方針の判断基準

弱性については、対象システムの運用担当者に情報を共有し、万が一攻撃が成立した時の影響や被害を想定して、対応方針を決定しなくてはいけません。

対応方針の判断基準についてもあらかじめ定めておくとよいでしょう。すぐに対応しなければならない脆弱性情報もあれば、ある程度の猶予がある前提で対応すればいい脆弱性情報もあります。すべての脆弱性情報に対して緊急対応をするには、セキュリティチーム、運用チームのリソースが足りません。かといって、対応方針をその場で判断するのは限界があります。「インターネットからアクセスできる場所にあり、攻撃成立時の影響度が大きく、現状、攻撃が可能な状態のものを最優先にする」といった判断基準を事前に準備しておくと、スムーズに対応できます（**図３**）。

(3) 暫定対策

脆弱性情報が公表された後、わずかな時間でバージョンアップやパッチ適用を行うのは現実的には難しい場合もあります。そこで暫定的な対策として、WAFやIPSといったセキュリティデバイスで脆弱性を突く通信を遮断します。

WAFやIPSは世の中にかなり浸透し、多くのユーザー企業が既に導入しています。未導入の企業は、脆弱性への緊急対応という観点でも導入を検討すべきと考えます。WAFやIPSを導入済みの企業でも不正な通信の検知だけに利用して、通信の遮断には利用してないという話をよく聞きます。誤遮断を不安視しているのかもしれませんが、脆弱性対策の観点では検知だけでは不十分です。きちんとWAFやIPSの遮断機能まで利用することが重要です。

前述したStruts2の事例のように、メーカーの公式シグネチャのリリースを待つのでは、攻撃者のスピードに追いつけない場合があります。より強固なセキュリティを確保したい場合は、独自シグネチャを作成するフローを事前に準備しておきます。独自シグネチャの作成と適用の流れは以下となります。

(1) 攻撃コードを解析
(2) 独自シグネチャを作成
(3) 検知モードでの適用
(4) 検知状況を確認、誤検知の有無も確認

(5) 遮断モードに変更して遮断を開始
(6) 定期的に検知・遮断状況を確認
(7) 必要に応じて、独自シグネチャのエンハンスやチューニングを実施

以上のフローのうち、攻撃コードの解析と独自シグネチャの作成は高度な技術力が必要で、ユーザー企業での実施は高いハードルがあります。セキュリティベンダーへのアウトソースが現実的でしょう。ただし、ベンダーによって独自シグネチャの対応可否、対応レベルが異なります。アウトソースするベンダーの対応レベルやスピードを事前に確認し、それらを考慮に入れた暫定対策フローを整備することが重要です。

(4) 恒久対策

上記の暫定対策は、あくまでも暫定的な対策です。これを実装すれば終わり、というわけではありません。脆弱性を根絶するには、メーカーが提供する脆弱性が解消されたバージョンへのアップデートや修正パッチの適用を実施する必要があります。

ただし、バージョンアップおよび修正パッチの適用によって、稼働中のアプリケーションに影響を及ぼす場合があります。業務への影響が出てしまう可能性も多々あるため、慎重かつ入念に検証する必要があります。暫定対策で脆弱性に対処できていれば、検証に十分な時間をかけられ、本番環境のバージョンアップやパッチ適用のリスクを軽減できます。

本番環境でバージョンアップやパッチ適用を実施する前に、開発環境で動作や業務への影響を確認した方がいいでしょう。いきなり本番環境に適用するよりも障害発生リスクを軽減できます。

ログ管理･監視

開発時に抜け落ちがちなので要注意

インシデントの発生時、いわゆる「有事」では、調査のためのログが不可欠です。ログの重要性は、セキュリティ担当者や運用担当者であれば痛いほど理解しています。しかし、開発工程では、ログ管理をしっかりと考えて設計できている現場

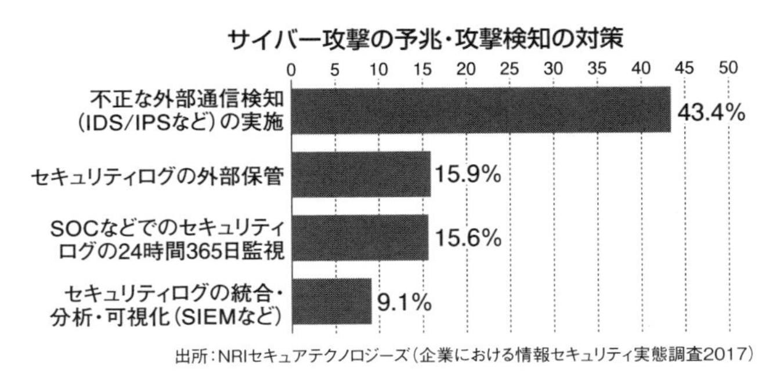

図4 ログの外部保管・監視・分析までできている企業は少ない

は少ないのではないでしょうか。NRIセキュアテクノロジーズが2017年に公表したアンケートの結果でも、サイバー攻撃の予兆・攻撃検知の対策としてログの管理、監視をできているという回答は少数派でした（**図4**）。

ログを正しく取得していなければ、セキュリティインシデント発生時に影響範囲を特定できません。「最大XXX件の情報が漏えいした可能性がある」といった、あいまいな被害状況報告にならざるを得ません。

また、ログの管理ができていないと、一刻を争うインシデント発生時に調査に多大な時間と労力を費やすことになります。運用フェーズでこのような事態になるのを避けるためにも、上流工程からログ管理の要件定義、設計をしっかり行っておく必要があります。

ログ管理の要件定義で押さえるべき観点を以下に示します。要件の具体的な記載内容は、ログ管理の要件が網羅的に記載されている、クレジットカード業界のセキュリティ基準「PCI DSS」の「要件10：ネットワークリソースおよびカード会員データへのすべてのアクセスを追跡および監視する」の参照を推奨します。

●セキュリティインシデント発生時の追跡性
●ログの検索性
●定期的なログのレビュー（セキュリティログ監視）
●ログの保存期間
●ログの外部保管

●ログの改ざん防止、検知
●機密データの出力禁止（パスワードなど）
●時刻同期

ログ管理の設計では、取得すべきログの洗い出し、ログの出力先、保存期間、保存先サーバー、想定する容量などを整理する必要があります（**表2**）。ノイズとなるログが多くなると、検索や調査に時間がかかるようになります。また、ストレージ容量やサーバー、ネットワークの負荷といったリソース面の制約は無視できません。ログ監視システムやサービスを導入する場合には、ログ量に応じてコストが増加します。取れるだけ取っておくのではなく、誰が、いつ、どのような目的で使うのか、ログの用途を考えながら設計していくことが大切です。

「インシデント発生時の追跡性が担保されているか」「どのログを監視すべきか」といった観点は、インシデント対応やセキュリティ監視業務を経験した人でないと設計の妥当性を判断するのが困難です。設計完了時に、経験者やセキュリティ専門家のレビューを受けるのが望ましいでしょう。

表2 ログ管理の設計例

#	ログ種別	ログ出力	Web	AP	DB	外部FW	内部FW	WAF	ログサーバー転送頻度	オンライン保存期間	オフライン保存期間	想定容量（1日）	セキュリティ監視	用途
1	OSログ	ファイル、syslog	○	○	○				リアルタイム	90日	1年	1MB以下	-	障害検知、調査
2	Webサーバーログ	ファイル	○						日次	90日	1年	100MB以下	○	インシデント検知、調査、アクセス分析
3	Appサーバーログ	ファイル		○					日次	90日	1年	100MB以下	-	障害検知、調査
4	アプリ認証ログ	ファイル		○					日次	90日	1年	5MB以下	○	インシデント検知、調査
5	アプリトランザクションログ	ファイル		○					日次	90日	1年	150MB以下	-	問い合わせ調査、障害検知、調査
6	監査ログ	ファイル			○				日次	90日	1年	10MB以下	-	障害検知調査監査証跡
7	通信ログ	syslog				○	○		リアルタイム	90日	1年	100MB以下	○	インシデント検知、調査、トラフィック分析
8	攻撃検知ログ（サマリー）	syslog						○	リアルタイム	90日	1年	1MB以下	○	インシデント検知、調査、攻撃分析
9	攻撃検知ログ（詳細）	DB（デバイス内）						○	-	10日	-	50MB以下	-	インシデント調査

ログ監視はベンダーからの情報入手が鍵

SIEM（Security Information and Event Management）やSOC（セキュリティオペレーションセンター）、セキュリティ監視サービスの導入が進み、セキュリティアラートを受けて調査や対応を行った経験があるエンジニアも増えてきていると思います。こうしたログ監視に関して上流工程で考えておくべきことは、ログ監視の要件定義、アラート発生時の連絡／対応フローの整備、といったものです。

ログ監視の要件定義では、セキュリティベンダーからの情報入手や連携を意識します。ログ監視を行うSOCをユーザー企業が国内で内製化するのは、コストや人材確保のハードルが高く、あまり現実的ではありません。昨今は、セキュリティベンダーへのアウトソースが主流となっています。

ユーザー企業やそれを支援するSIベンダーが第１にすべきことは、セキュリティベンダーが標準で提供する監視の観点やルールの一覧の入手です。その上で、

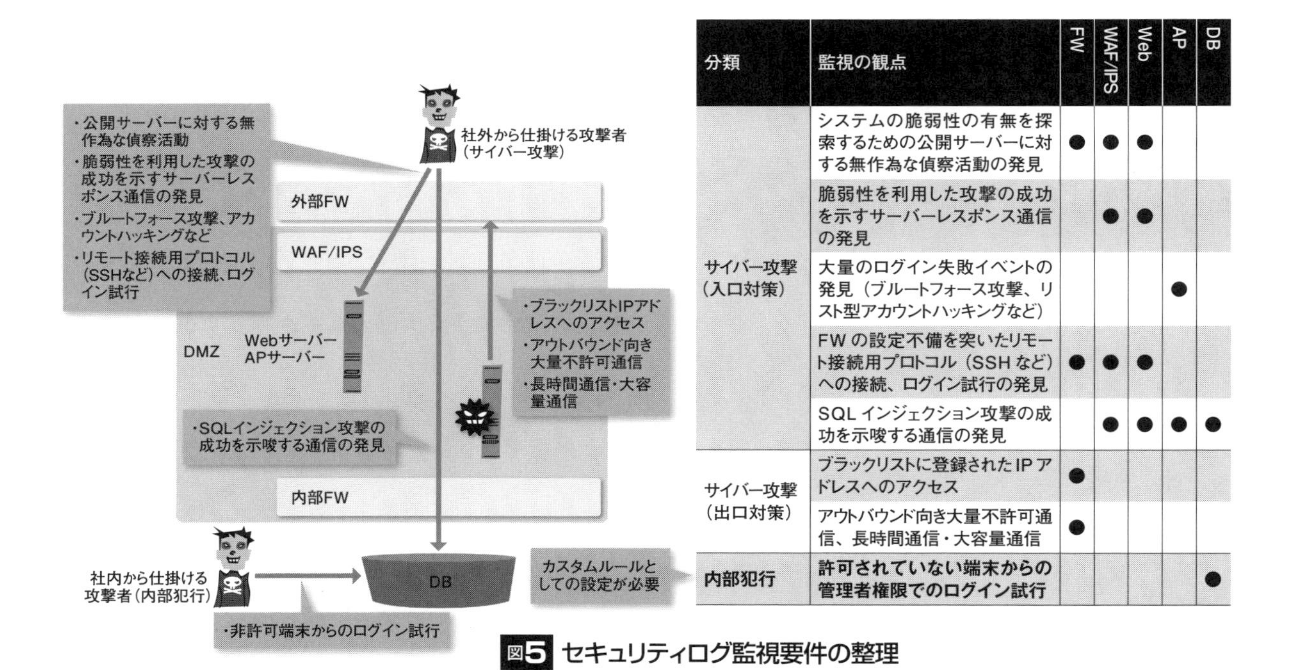

分類	監視の観点	FW	WAF/IPS	Web	AP	DB
サイバー攻撃（入口対策）	システムの脆弱性の有無を探索するための公開サーバーに対する無作為な偵察活動の発見	●	●	●		
	脆弱性を利用した攻撃の成功を示すサーバーレスポンス通信の発見		●	●		
	大量のログイン失敗イベントの発見（ブルートフォース攻撃、リスト型アカウントハッキングなど）				●	
	FWの設定不備を突いたリモート接続用プロトコル（SSHなど）への接続、ログイン試行の発見	●	●	●		
	SQLインジェクション攻撃の成功を示唆する通信の発見		●	●	●	●
サイバー攻撃（出口対策）	ブラックリストに登録されたIPアドレスへのアクセス	●				
	アウトバウンド向き大量不許可通信、長時間通信・大容量通信	●				
内部犯行	**許可されていない端末からの管理者権限でのログイン試行**					●

図5 セキュリティログ監視要件の整理

システムの特性や取り扱う情報を考慮して、必要なサービスを取捨選択します。標準サービスでカバーできない要件は、カスタマイズでの提供可否をベンダーに確認し、要件を確定します。

ログ監視の要件定義を行う際、攻撃パターンとどのような監視をしたいかの観点を整理するとよいでしょう。**図5**のようなWebサイトのセキュリティログ監視では、「インターネットからの偵察行為」や「脆弱性を突いた攻撃」といった一般的な攻撃の多くは、セキュリティベンダーの標準サービスでカバーできます。

標準サービスでカバーされない可能性が高いのが、社内から攻撃を仕掛ける「内部犯行」です。「許可されていない端末からデータベースサーバーに管理者権限でログインを試行する」といった観点の異常を検出する監視ルールは、システム個別のカスタムルールを定義します。カスタムルールに対応可能かどうか、セキュリティベンダーに確認する必要があります。

運用フェーズ以降の改善を前提にする

監視要件が決まったら、アラート発生時の連絡/対応フロー（ハンドリングフロー）を整備します。アラートが通知された際に誰がどのように動くのか、取るべきアクションと判断基準を整理して決めておきます。

陥りがちな落とし穴が、誰でも同じ対応ができるよう、初めから詳細な手順書を作成しようとすることです。これは得策ではありません。脅威や攻撃の動向は日々変化します。アラートの発生頻度やハンドリングフローを想定通りに回せるのかは、運用を始めてみないと分からないことが多いのが実情です。

次のようなアプローチでハンドリングフローを整備していくとよいでしょう。上流工程では、関係者への連絡フロー、想定される対応（遮断、サイト閉鎖など）、対応の実行に伴う意思決定プロセスを整備しておきます。この段階では、ハンドリングフローや手順の粒度を細かく決めません。

そして、セキュリティアラートの内容を正しく理解し、リスクを鑑みて取るべき対応を判断できる人を、セキュリティチームや運用チームに配置します。その人を中心に運用フェーズでアラートに対するハンドリングを実施します。その過程で細かい粒度のハンドリングフローや手順を決めていきます。対応手順を定型化したり、セキュリティデバイスの自動設定変更などで調査や対処を効率化したりします。こうした改善活動を継続的に実施していくことが重要です。

まとめ

- セキュリティインシデントの多くは要件定義や設計といった上流工程での不備が原因になっている
- 「標的型攻撃」「ランサムウエア」「Webサイトへの不正アクセス」など実際に発生しているインシデントも、上流工程で対策を取っておけば検知・対応できるものが多い
- 一貫したプロセスと観点を持つと、システムのセキュリティを適切に考慮して設計できる

専門家の目を2段階で入れるプロセスと体制を整備

重要な情報を扱うシステムでは、第三者のレビューでセキュリティ要件を満たしているかどうかを確認する。開発担当者だけでセキュリティ要件を抜け漏れなく設計して実装するのは難易度が高いからだ。効率的なレビューを実施するには、プロセスと体制を整備する必要がある。

昨今のシステム開発プロジェクトを取り巻く状況は厳しいものがあります。システム開発件数は増加していて、プロジェクトを掛け持ちするエンジニアも珍しくありません。ビジネス環境の変化が激しく、開発期間は短期化しています。一方で、セキュリティインシデントは高度化、複雑化しています。それに伴って対策も高度化、緻密化していかないと、セキュリティを侵害する攻撃に対抗できなくなってきています。

開発プロジェクトの当事者である設計者や開発者は、コスト、スケジュール、品質についてプレッシャーを受けています。セキュリティ要件は実装されていなくとも、ユーザー視点でのシステムの動作に直接影響することはあまりありません。どうしても、セキュリティ対応は後回しにされがちです。

こうした現実を踏まえると、脅威から守るべき対象を企業の方針として明確化したり、設計要件の実装漏れを防ぐチェックリストを整備したりするだけでは、十分なセキュリティを確保できません。開発プロジェクトに対するけん制として、中立的な第三者によるレビューを社内の正式なプロセスとして整備する必要があります。厳しいチェックを実施するために、セキュリティ部門や品質管理部門といった、開発プロジェクトから独立した部門がレビューを担当する現場は、実際に多くあります。

レビューの本質は、中立的な第三者が開発プロジェクト当事者に代わってシステムの実態を客観的に評価することです。レビュー担当者は指摘事項を洗い出して、開発プロジェクトへの改善指示を行います。正しいタイミングできちんとしたレビューができれば、上流工程できっちりとしたセキュリティ対策を実施できるはずです。しかし、レビューをうまく機能させている現場は多くありません。

多くのレビューは遅すぎるし不足している

まず、レビューを行うタイミングの問題です。セキュリティに関するレビューは、システムのリリース前に実施する現場が多数派でしょう。ユーザー企業のセキュリティ部門や品質管理部門、ユーザー企業から依頼された専門企業が、セキュリティ要件を満たしているかどうかを確認します。しかし、このタイミングでは遅すぎます。もちろんリリース前のレビューも重要です。

リリース直前の段階になって初めてセキュリティ部門の確認が入った結果、重要なセキュリティ要件が満たされていないと発覚することがよくあります。こうなると、「追加対策実装のため、予定していない開発費用が発生する」「リリース時期が遅れる」といった事態になりがちです。

加えて、レビューの品質が十分かどうかという点も課題です。昨今はシステム開発の件数が増え続けています。リリース直前に問題が見つかると、セキュリティ

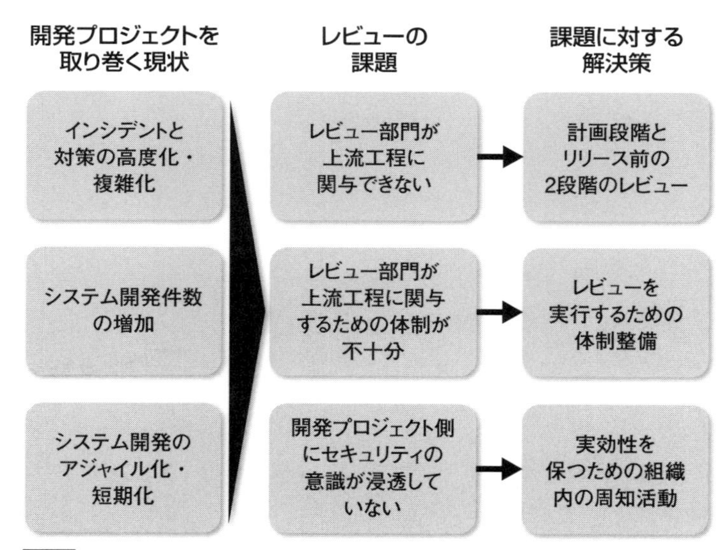

図1　セキュリティ要件のレビューにおける課題と解決策

部門と開発プロジェクト側で突発的な対策協議が発生します。こうした要因が重なると、レビューを行うセキュリティ部門はリソース不足に陥ります。リソース不足はレビュー品質の低下に直結します。

このほか、開発プロジェクトの当事者がレビュープロセスの存在や重要性を十分に認識していない場合もあります。リリース直前になって慌ててレビュー申請が行われる、といった事例もありました。

こうした現状における課題を要約すると、「レビュー部門が正しい工程でレビューできない」「レビュー部門が上流工程に関与するための体制が不十分」「開発プロジェクト側にセキュリティの意識が浸透していない」の３点になります（**図1**）。レビューのタイミングやレビューの品質が不十分だと、上流工程でのセキュリティの作り込みは困難になります。

上記の課題を解決し、効果的・効率的なレビュープロセスを運用するには（1）上流工程とリリース前の２段階のレビュー、（2）レビューを実行するための体制整備、（3）実効性を保つための組織内の周知活動——の三つが重要になると筆者は考えています。それぞれの要素をどのように整備すべきか、何に注意すべきかを詳細に紹介しましょう。

2段階のレビュー

計画策定段階とリリース前に分けて実施

せっかく上流工程で考慮すべきセキュリティ要件を定めたのに、考慮されないままシステムが構築されたケースを過去いくつも目にしてきました。こうした事態を避けるには、システム構築の担当者（構築担当者）がセキュリティ要件への対応方針を明確にし、それを異なる部署の担当者（レビュー担当者）がレビューする、というプロセスの整備が効果的です。

ここで重要なのが、レビューを実施するタイミングです。早すぎるとシステムの詳細が決まっていないため、対応方針を明確にできません。遅すぎると、対応できていない要件をレビューで指摘しても、リリースに間に合わなくなります。著者は、計画策定段階の事前チェックとリリース前のレビューといった二つのステップに分けた確認の実施を推奨しています（**図2**）。

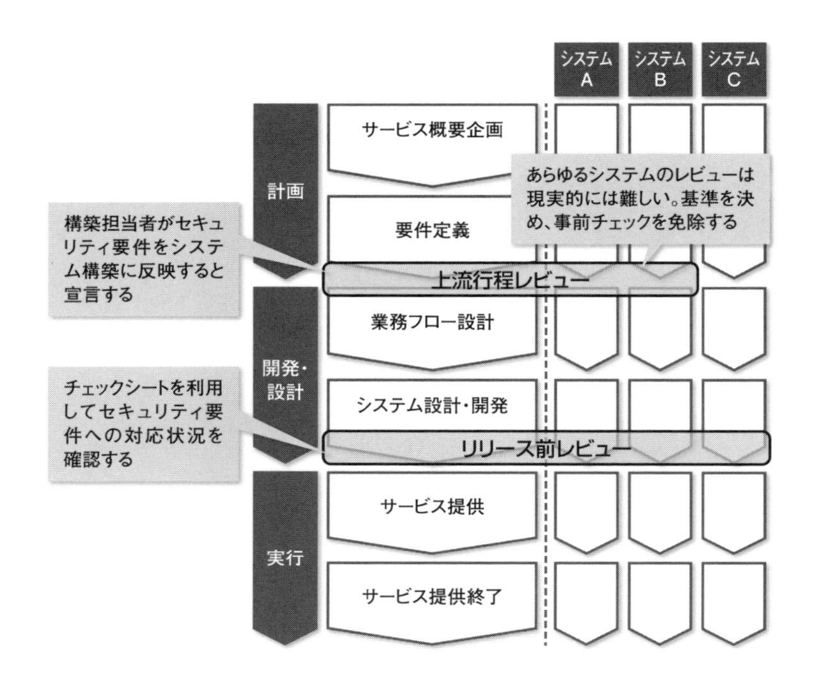

図2　2段階のレビュープロセス

要件への対応の宣言と実装の確認を分ける

第１のステップである上流工程でのレビューでは、具体的な実装方法までは決まっていない場合が多いでしょう。事前チェックを行う目的は、セキュリティ要件をシステム構築に反映すると明確化し、定義していることを確認することです。具体的な実装方法を決定する必要はありません。構築担当者はセキュリティ要件の各項目について対応する旨をドキュメントに記載して、レビュー担当者はすべての項目に対応すると宣言しているかどうかを確認します。

明らかに不要なセキュリティ要件は、対象外となる理由を構築担当者が記載して、レビュー担当者はその妥当性を判断します。例えば、静的なコンテンツを表示させるだけのシステムであれば、アプリケーション診断は実施する必要がないでしょう。

事前チェックで宣言していても、システムの要件変更や設計工程で後から対応ができなくなる項目が出てきたりします。こうした場合に備え、構築担当者とレビュー担当者が都度相談をする体制にしておくと、柔軟な対応が行えます。

第2のステップであるリリース前のレビューでは、セキュリティ要件が確実に実装されているかどうかを確認します。具体的には、事前チェックで対応すると宣言した項目について、構築担当者が実装状況をレビュー担当者に伝え、その内容をレビュー担当者が確認するという流れです。

基本的には、事前チェックで合意したすべての要件に対応しているはずです。しかし、この段階で改善が必要な項目が検出される場合を想定し、リリース前レビューの実施時期はリリースの1カ月ほど前に設定しておいたほうがよいでしょう。

チェックシートで手間を最小化

レビューでは、細かくチェックしようと思えば、多くの情報を収集して確認できます。特にリリース前のレビューは、チェック内容を事前に定めておかないと

表1 考慮すべきセキュリティ項目を一覧化したチェックシート

No	大分類	中分類	小分類	タイトル	確認内容	未実施時のリスク	攻撃・脅威	重要度	判定	判定の根拠
1	アカウント管理	アカウント登録・変更	必要なアカウントを安全なプロセスで発行する	役割・権限別のアカウント設定	役割・権限が異なるアカウントは分離して発行する	不正利用時に被害範囲が拡大する、操作ログによる不正ユーザーの特定が困難になる	内部不正、不正ログイン	MUST		
2			セキュリティ要件を満たすパスワードを設定する	パスワードの集中管理	パスワードはポリシーで管理し、アカウントの役割・権限ごとに適切な強度のポリシーを適用する	手動でパスワードを設定する場合、設定漏れや管理ミスが生じる	リスト型アカウント攻撃、ブルートフォース攻撃	BETTER		
3	アクセス制御	通信の制御	通信相手とのセッションを安全に確立・維持・終了させる	セッション時間の制限	一定時間操作されない場合にセッションを破棄して強制的にログアウトさせる	通信の盗聴、クロスサイトスクリプティングなどでセッションIDを窃取される可能性が高くなる	クロスサイトスクリプティング、セッションハイジャック、なりすまし	SHOULD		
4	データ保護	保管データの保護	保管された重要情報を安全な技術または仕組みで暗号化する	重要情報の暗号化	重要・秘密情報はすべて暗号化してデータベースに保存する	情報漏えいが生じた場合に、漏えいした個人情報などを手掛かりに不正アクセスが行われる	不正アクセス、なりすまし	SHOULD		

⋮

多くの人手と時間を要します。詳細な仕様をレビューできれば品質は高まりますが、手間を考えると現実的ではありません。レビュー担当者は複数のレビューを担当する可能性がありますし、構築担当者はセキュリティ以外にもやるべきことが山積しています。

効率的で品質が担保されたレビューの実施方法としては、考慮すべきセキュリティ項目を一覧化したチェックシートの利用を推奨します（**表1**）。構築担当者は最小の手間でレビューへの準備ができ、レビュー担当者も膨大な資料の確認をせずに済みます。

具体的には、セキュリティ要件の項目を一覧化したチェックシートを用意して、構築担当者が対応状況について記載します。レビュー担当者はそれを見て確認します。すべての項目に詳細な実装方法、対応方針を記載すると手間がかかります。対応する項目にはその旨だけをシンプルに書き、対応しない項目はその理由と代替策を詳細に記載するルールにすれば、構築担当者、レビュー担当者双方の負荷を最小限に抑えられます。

このレビュー方法では、レビュー担当者が実際の状況を詳しく確認しない場合は注意が必要です。チェックシートの記載内容に実態との相違があった場合には、構築担当者が責任を担うなどの取り決めを事前に確認しておく必要があります。

条件でレビュー対象を絞り込む

一般にユーザー企業やSIベンダーの中では、複数の開発プロジェクトが並行して進んでいます。すべてのプロジェクトで上記のレビュープロセスを適用するには、相当な数のレビュー担当者と時間が必要になります。しかし、レビュー担当者が多数いるという組織は多くないでしょう。

現実的には、重要度に比例した、メリハリをつけたレビュー対応が必要となります。大規模な本番利用のプロジェクトもあれば、小規模で利用が短期間の研究開発用途のプロジェクトもあるはずです。いくつかの条件を設け、それに該当するシステムのみをレビューの対象とします。具体的には、予算規模、インターネットへの接続有無、個人情報の取り扱いの有無、決済機能の有無などがふるい分けの条件になります。

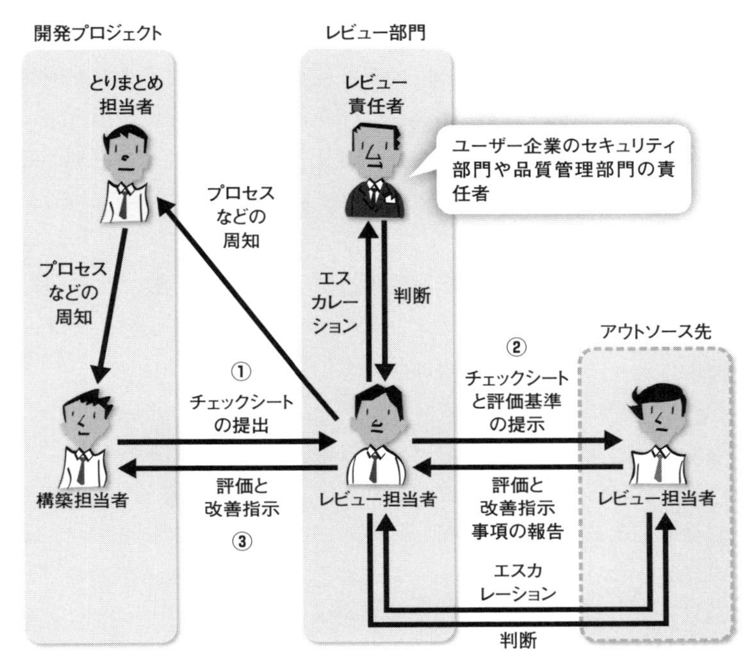

図3 整備すべきレビュー体制

体制整備

組織における体制と役割を定義する

レビュープロセスを円滑に運営するには、組織内で整備する体制と役割の定義も重要です（**図3**）。

まず、ユーザー企業のセキュリティ部門の責任者による関与が重要です。レビューを実施した結果、深刻度が高い問題が見つかる場合があります。レビュー部門は「システム開発のスケジュールを遅らせてでも対策をする必要がある」と指摘し、改善を要求しなければなりません。その際、セキュリティ部門の組織としての意思決定であると明確にしておかないと、開発プロジェクトとレビュー部門が対立してトラブルになってしまいます。システムの重要度や指摘事項の深刻度などに応じて、役職者にエスカレーションして判断を仰ぐ体制を作ります。

レビュー案件が急増した場合はリソースを確保するため、重要度の低い案件への対応レベルを下げる検討が必要になります。重要度の低い案件を外部にアウトソースして、内部の人員は重要度の高い案件に集中させるのがよくある組織的なアプローチです。アウトソースを円滑に行うには、評価基準を明確にし、レビュー作業とその後の対応方針を定型化しなければなりません。評価基準や手順が明確でないと、アウトソース先からのエスカレーションが多発し、内部の人員がその対応に追われてしまいます。

レビューを受ける開発プロジェクト側も、体制の整備が必要です。具体的には、レビューのとりまとめ担当の設置です。開発プロジェクトを統括するユーザー企業の事業部門に専任で設置するのが理想です。

システム構想が承認され、開発プロジェクトが立ち上がった段階、つまり上流工程で速やかにレビュープロセスを進めるには、関係者がセキュリティ要件やレビュープロセスを理解している必要があります。しかし、開発プロジェクトは期間限定の組織体であるため、レビュー部門との継続的なコミュニケーションが困難です。そこで、とりまとめ担当を介して開発プロジェクトの関係者とレビュー部門がコミュニケーションを取り、セキュリティ要件やレビュープロセスの周知活動を行います。周知活動の進め方については後述します。

レビュー担当者に必要なスキルセット

レビュー担当者には、開発プロジェクトからも経営層からも、難しい要求が来ます。そのため、高いスキルを持ったエンジニアをアサインする必要があります。

開発プロジェクトは「定性・定量の両面で網羅的なレビュー」と「迅速なレビュー」を求めます。セキュリティインシデントと対策の高度化・複雑化と、システム開発のアジャイル化・短期化が背景にあります。経営層は「レビュー品質の維持」を求めます。開発プロジェクト、経営層からの相反する要求を受け、レビュー担当者は板挟みになります。

要求を両立して、レビュープロセスを円滑に進めるには、次の4点のスキルが必要になります（**図4**）。

(1) 各要件のリスクを説明できる知識と実務経験

レビュー担当者が相対するのは、開発プロジェクトの現場で実務を担う設計者・

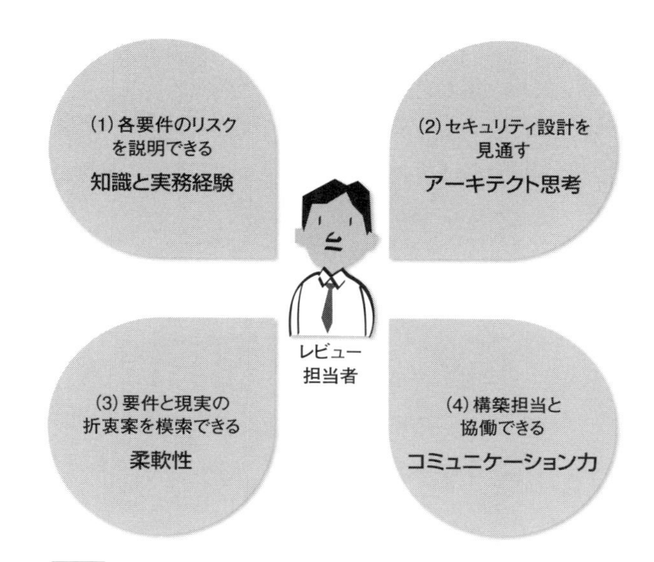

図4 レビュー担当者に求められるスキルセット

開発者です。生半可な知識では太刀打ちできません。チェックシートの各項目の内容を把握するだけでは、レビュー担当者としては不十分です。なぜそのセキュリティ要件の順守が求められるのか、要件が順守されない場合にどのようなリスクが懸念されるのか、といったセキュリティ要件の思想や背景まで語れる必要があります。

加えて、開発プロジェクト側の対策の実装状況や、その対策に決定した設計思想や構築者の考え方を正しく理解できなければなりません。実装状況を把握するには、一定レベルのセキュリティ知識が求められます。また、設計思想を構築者の立場になって把握するにはシステムの構築や運用の実務経験が必要です。

(2) セキュリティ設計を見通すアーキテクト思考

上流工程段階のレビューでは、多くの場合で具体的な仕様が決まっていません。レビューを通じてセキュリティ要件を盛り込むには、ちょうどよいタイミングです。セキュリティ要件の具体的な実装方法について、構築担当者はレビュー担当者に色々な質問を投げかけてきます。ここで具体的な回答ができなかったり、不適切な回答をしたりすると、本来実装すべきだった対策が正しく実施されず、リリース前の段階で手戻りが生じてしまう可能性があります。

レビュー担当者は構想レベルからシステムのあるべき姿を見極め、システムの特性に応じた最適な対策の選択肢を提供できなければなりません。IT アーキテクトとしての思考、視点が欠かせないのです。

(3) 要件と現実の折衷案を模索できる柔軟性

レビューでは、「組織のセキュリティ要件」と「対象システムの実態」を比較するフィット＆ギャップ分析を行います。どうしても「要件に適合しているか否か」というゼロかイチかという発想に陥りがちです。この発想は、適合できないセキュリティ要件への対応を議論する際に邪魔となる場合があります。同等レベルの代替策は提案できるものの、対象システムで代替策の実行すら困難である場合に議論が停滞してしまったりします。

レビュー担当者は個々のセキュリティ要件について適合の有無を確認するだけでなく、組織の要件と対象となるシステムを俯瞰して捉え、セキュリティ対策の実現という目的に沿った柔軟な判断が求められます。

例えば「個別の Web アプリケーションにおいて強固なセキュリティ要件の厳格な実装が難しい場合、WAF（Web アプリケーションファイアウォール）の利用を一部の要件の代替策とする」や「システムのパフォーマンスの都合でデータベースの暗号化が難しい場合、アクセス権の制御や操作ログの監視の運用をより厳格に行う」などです。

(4) 構築担当と協働できるコミュニケーション力

レビューの現場では、レビュー担当者と開発プロジェクトの構築担当者が敵対してしまうケースが多くあります。「組織のセキュリティを守る防波堤」との自己認識から、レビュー担当者が構築担当者に高圧的な態度を取ってしまうのが原因です。レビュー担当者が高圧的だと、構築担当者は重要な情報を出したがらなくなります。結果として、不正確なレビューになってしまいます。

レビュー担当者には、開発プロジェクトの担当者が胸襟を開いて、積極的に正確な情報を提供できるような雰囲気を作るコミュニケーション能力が求められます。

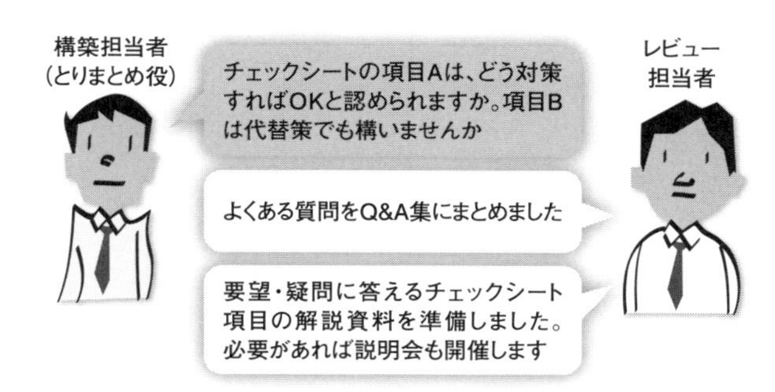

図5 周知活動では要望や疑問点の吸い上げも

周知活動

伝えるだけでなく現場の要望も聞く

レビュープロセスやレビューの実施体制を整備しても、周知活動が不十分だと開発プロジェクトの構築担当者から反発が出てきます。これではレビューがうまくいきません。構築担当者に対して、事前にプロセスを説明しておくことが望まれます。

とりまとめ担当者を通じて、一方的にプロセスやチェックシートの内容を伝えるだけでは、協力的な関係を築けません。現場の要望や疑問点の吸い上げが重要です。そうした意見をプロセスに反映させたり、説明資料やQ&A集を作成したりすると、円滑なレビューの実施につながります（**図5**）。

セキュリティ要件の情報提供も周知活動の一つ

周知活動の中には、構築担当者へのセキュリティ要件の情報提供も含まれます。

前述したように、実際のレビューはチェックシートを用いて行います。チェックシートには、セキュリティ要件の各項目を実装しているか否かが記載されるだけです。構築担当者がセキュリティ要件の内容を正確に把握していないと、チェックシートでは「実装している」となっていても、実際には要件を満たしていない可能性があります。

そうしたリスクを減らすため、レビュー担当者は周知活動の一環としてセキュリティ要件に関する正確な情報提供を行います。考えられる施策には大きく二つあります。

一つはチェックシートの解説書の作成です。セキュリティ要件の各項目を実施する必要性や具体的な実装方法の例を記載した資料を用意しておくと、構築担当者の認識に食い違いが生じる可能性を減らせます。

もう一つは、レビュー担当者が構築担当者と対面した要件の説明会の実施です。レビュー担当者が講師役となり、解説書の記載内容の説明を行います。

どのような対策を実施するのかは、構築担当者のセキュリティに対する知識の習熟度や、レビュー担当者のリソースに応じて決めるのがよいでしょう。

まとめ

- 動きの見えないセキュリティは後回しにされがち。第三者のレビューで確実な設計・実装をチェックする
- 計画策定段階とリリース前に分けて2段階でレビューを実施する
- 部門間の対立を招かないよう、ユーザー企業の責任者を巻き込み、とりまとめ担当を決める
- レビュープロセスやセキュリティ要件の周知活動もレビュー担当者の仕事である

第2章

脅威別に見た セキュリティ設計の実践

2-1 やってはいけない場当たり対策

設計の使い回しはNG
脅威を特定して対応せよ

場当たり的な設計、特に過去の設計の使い回しでは、変化するセキュリティ上の脅威に対応できない。第２章では、重要な五つの脅威に対応するセキュリティ設計について解説する。強靱なセキュリティを確保する適切な上流工程のプロセスを確認しよう。

多くの開発現場で行われていますが、「過去に作成された設計書をひな型として使い回す」というやり方は、効率的ではあるものの、品質やセキュリティの観点ではアンチパターンといえるでしょう。

設計書の使い回しは、生産性を求めて行いがちです。実績のある設計書は過去に設計の検討とレビューを重ねており、開発者は一定の品質を保った内容になっ

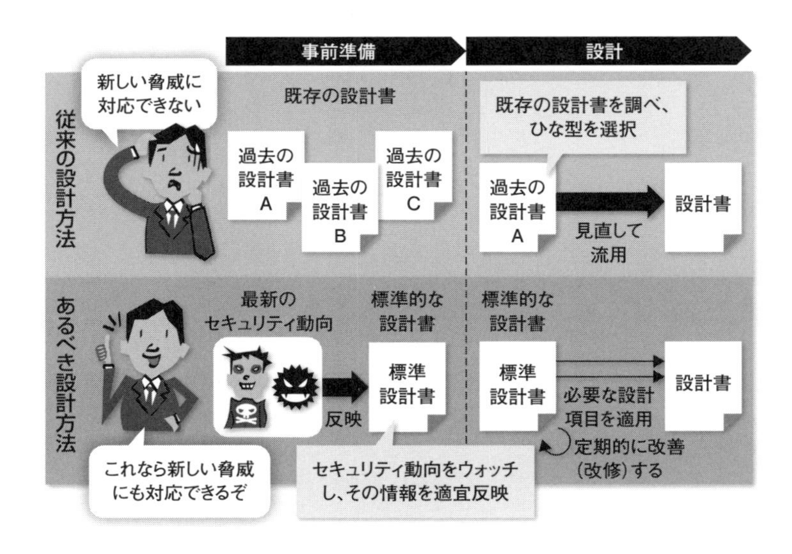

図1 セキュリティ設計の進め方

ていると自負しがちです。品質確認と改善を繰り返した設計書を活用して、個別のシステムの規模や利用特性、サービスレベルに応じて設計内容を見直せば、効率よく品質の良い設計ができそうに思えます。

しかし、筆者はこうした開発の進め方を推奨しません。品質維持の観点で良い方法ではないうえ、セキュリティ設計としては明らかな下策です。セキュリティ脅威は日々、高度化・多様化しています。過去の設計書をすべてそのまま踏襲すると、過去のセキュリティ脅威については一定の対策ができますが、速いスピードで変化する新たな脅威には対応しきれません。

その一方、過去に設計した内容を全く活用しないというのは、設計の生産性の観点でナンセンスです。それに、毎回設計する際にそこまで考えていられない、というのがエンジニアの本音でしょう。そこでお勧めしたいのが、過去の設計書を活用しつつ、最新のセキュリティ動向を反映した「標準設計書」を適用する方法です（**図1**）。

脅威の変遷

年々変わるセキュリティ脅威

「新しいセキュリティ脅威は、本当にそこまで次々と登場しているのか」。こう感じた読者もいるかもしれません。事実として、セキュリティの脅威はわずか数年で大きく変わっています。IPA（独立行政法人情報処理推進機構）が毎年公開している「情報セキュリティ10大脅威」を2009年から2016年まで整理すると、実感できると思います（**表1**）。

Web改ざんが急増した2013年には、標的型メール、不正ログイン・不正利用、Webサービスからのユーザー情報の漏えいが大きな問題として浮上しました。翌2014年にはベネッセ個人情報流出事件があり、内部不正が脅威の2位になります。2015年には日本年金機構に対するサイバー攻撃事件があり、標的型攻撃が脅威の1位に急浮上します。2016年にはランサムウエアの脅威が急拡大して、一気に2位になりました。

経年でセキュリティ脅威を俯瞰してみると、新たな脅威が形を変えて出てきており、攻撃手法も年々変わっているのを実感できます。攻撃の対象や範囲も徐々に変化しています。「セキュリティ脅威は年々増加し、高度化している」「今後は

表1 IPAの「情報セキュリティ10大脅威」の経年変化

IPAのWebサイトから引用してトップ5を抜粋した。強調は筆者による。一部表現を変更

	ランサムウエアの脅威が拡大▼	日本年金機構へのサイバー攻撃▼	ベネッセ個人情報流出事件▼	Web サイト改ざんが相次ぐ▼		東日本大震災▼		Gumblar 流行▼
	2016 年	2015 年	2014 年	2013 年	2012 年	2011 年	2010 年	2009 年
1位	標的型攻撃による情報流出	標的型攻撃による情報流出	インターネットバンキングやクレジットカード情報の不正利用	標的型メールを用いた組織へのスパイ・諜報活動	クライアントソフトの脆弱性をついた攻撃	機密情報が盗まれる!?新しいタイプの攻撃	「人」が起こしてしまう情報漏えい	変化を続けるWebサイト改ざんの手口
2位	ランサムウエアによる被害	内部不正による情報漏えいとそれに伴う業務停止	内部不正による情報漏えい	不正ログイン・不正利用	標的型諜報攻撃の脅威	予測不能の災害発生!引き起こされた業務停止	止まらない! Webサイトを経由した攻撃	アップデートしていないクライアントソフト
3位	Webサービスからの個人情報の窃取	Webサービスからの個人情報の窃取	標的型攻撃による諜報活動	Webサイトの改ざん	スマートデバイスを狙った悪意あるアプリの横行	特定できぬ、共通思想集団による攻撃	定番ソフトウエアの脆弱性を狙った攻撃	悪質なウイルスやボットの多目的化
4位	サービス妨害攻撃によるサービスの停止	サービス妨害攻撃によるサービスの停止	Webサービスへの不正ログイン	Webサービスからのユーザー情報の漏えい	ウイルスを使った遠隔操作	今もどこかで…更新忘れのクライアントソフトを狙った攻撃	狙われだしたスマートフォン	対策をしていないサーバ製品の脆弱性
5位	内部不正による情報漏えいとそれに伴う業務停止	Webサイトの改ざん	Webサービスからの顧客情報の窃取	オンラインバンキングからの不正送金	金銭窃取を目的としたウイルスの横行	止まらない! Webサイトを狙った攻撃	複数攻撃を組み合わせた新しいタイプの攻撃	あわせて事後対応を!情報漏えい事故

出所：IPA（独立行政法人情報処理推進機構）

あらゆる機器に対する脅威が顕在化する」――。多くの専門家が鳴らし続けている警鐘は、決して大げさに言っているのではなく、事実なのです。

攻撃者の目的変化で攻撃対象は増え続ける

変化の大きな動向を筆者がまとめたのが**図 2** です。2000 年代半ばころのサイバー攻撃は、いたずら目的でした。不特定多数の Web サーバーやユーザーに対して、愉快犯的なサイバー攻撃や侵害を行っていました。攻撃手法は公開 Web サイトの改ざん、スパムメールが多くを占めました。

2000 年代後半ころから、金銭目的のサイバー攻撃が増えました。当時のターゲットは一般消費者でした。ウイルスサイトに誘導して、オンラインバンキングや EC サイトを不正利用して金品を不正に窃取しようとしていました。いわゆる名簿屋への情報販売を目的とした、内部不正による情報漏えいも増加しました。

現在は金銭目的のサイバー攻撃の対象が、企業へと拡大しました。特定企業への攻撃で情報を盗み出したり、ランサムウエアでデータを暗号化して金銭を脅迫したりしています。スパイやテロといった目的を持ったサイバー攻撃も増えてい

	2000年代半ば	2000年代後半	現在
目的（執拗化）	いたずら	金銭	スパイ・テロ ＋金銭
手法（高度化・悪質化）	・Web改ざん ・スパムメール	・ウイルスサイト ・内部不正	・標的型メール攻撃 ・ゼロデイ攻撃 ・DDoS攻撃 ・ランサムウエア
範囲（特定化）	不特定多数の公開 Webサーバー	・オンラインバンキング ・ECサイト	・特定の企業や組織 ・最近は、スパイ活動の事例も多数あり

図2 セキュリティ脅威の変化

ます。

サイバー攻撃の目的、手法、範囲は2010年代前半から大きく変化しました。目的をまとめると「執拗化」といえます。攻撃者は、成功するまで手を変え品を変え、しつこく攻撃を繰り返します。手法は「高度化・悪質化」、範囲は「特定化」しています。企業の業種、企業特性、取引先などの状態を把握し、特定企業を狙って複雑な手法で攻撃を仕掛けます。

脅威の分類

前提として顕在化し得る脅威を考慮

年々高度化・多様化する脅威をどう防ぎ、検知し、迅速に対応するのか。鍵はシステム開発の上流工程、特に要件定義と基本設計フェーズにあります。早い段階からセキュリティの脅威を鑑みたシステム設計を行うのです。こうしたアプローチを「Security By Design」と呼びます。

すべてのセキュリティ脅威にまんべんなく対応しようとすると、設計作業が肥大化して多くのリソース・時間・コストが必要になります。設計が肥大化すると、その後の詳細設計やコーディング、テストでも多くの時間・コストを要します。また、重複した余剰機能を実装するような非効率な設計になります。

となると、セキュリティ設計を効率的かつ効果的に行うための方法論が必要になります。過去の設計書をそのまま使い回しするのは、悪しき慣例です。これは冒頭で述べた通りです。新しい攻撃を防御できず、顕在化した後の検知や迅速な対処もできません。

そこで、筆者は次のようなセキュリティ設計を推奨します。まず、開発するシステムの種別や置かれる環境を基に、そのシステムでどのような脅威が顕在化する可能性があるかを特定します。脅威にはサイバー攻撃などの外的要因だけではなく、内部不正などの内的要因も含みます。

そして、その脅威に対する設計を重点的に行います。すべての脅威に対してセキュリティ設計を行うのではなく、対応する範囲を特定の脅威に限定します。脅威の種別から対策を特定するアプローチによって、対策の絞り込みや実施する対策をパターン化して設計できます。設計は都度ゼロから検討するのではなく、セキュリティ動向を適宜反映した標準設計書を利用します。

複雑な脅威を分解して理解する

世の中にはどういったセキュリティ脅威があるのでしょうか。筆者が独自に分類したのが**表2**です。情報セキュリティリスクマネジメントが定義されている「ISO/IEC 27005」や、情報セキュリティマネジメントシステムの「ISO/IEC 27001」を参考にしています。

まず、セキュリティ脅威は「人為的脅威」と「環境的脅威」という二つの大分類に整理できます。人為的脅威は「意図的脅威」と「偶発的脅威」の二つの中分類に整理できます。中分類はさらに小分類へと整理でき、小分類の中に「Webアプリケーションの脆弱性」「ネットワークパケットの盗聴」といった聞き慣れた詳細項目があります。様々な攻撃・侵害の手法は、個別の詳細項目に対して存在しています。

昨今猛威を振るっている「標的型攻撃」で主に関連するのは「メール攻撃」や「マルウエア」です。メール攻撃には、ウイルス付きメール攻撃とURL付きメール攻撃があります。マルウエアには、既知のマルウエアと未知のマルウエアがあります。これらの脅威の中で対策が不十分な要素があると、標的型メール攻撃による情報流出やランサムウエアによる業務停止などの脅威が顕在化します。

外部公開サーバーに対する脅威で主に関連するのは、「脆弱性を突く攻撃」や「不

表2 セキュリティ脅威の分類

分類			詳細項目
大	中	小	
人為的脅威	意図的脅威	脆弱性を突く攻撃	Web アプリケーションの脆弱性（バッファオーバーフロー、SQL インジェクション、ディレクトリートラバーサル、クロスサイトクリプティングなど）、システム基盤の脆弱性（ミドルウエア、OS プラットフォームなど）、ネットワーク基盤の脆弱性
		不正アクセス	サーバーおよびネットワークへの侵入、未承認端末の不正接続、未承認媒体の不正接続、リスト型アカウントハッキング、DoS/DDoS、ブルートフォース攻撃、特権昇格
		メール攻撃	ウイルス付きメール攻撃、URL 付きメール攻撃
		マルウエア	既知のマルウエア、未知のマルウエア
		改ざん	プログラム改ざん、データ（静的）・ログ改ざん、データ（動的）改ざん、コンフィグ改ざん
		情報持ち出し	内部者による電子媒体・紙媒体・ネットワーク経由の情報の不正持ち出し
		盗難	紙媒体の盗難、電子記憶媒体の盗難、機器の盗難
		データ復元	リサイクル、廃棄されたディスクの復元、トラッシング
		なりすまし	アカウントの奪取、権利の偽造
		通信の盗聴	ネットワークパケットの盗聴、電話・音声の盗聴
		構内侵入	建物や管理室などへの物理的侵入
		盗み見	ショルダーハック
		物理破壊	機器の破壊、情報資産の破壊
	偶発的脅威	ヒューマンエラー	置き忘れによる紛失・棄損、配送時紛失・棄損、メール /FAX/ 郵便物の誤送信、システム設定ミス、システムの誤操作
		障害	ハードウエア障害 / ソフトウエア障害、OS・サービスダウン、メンテナンス不備（容量超過など）
環境的脅威		災害	水害、洪水、汚染、大気現象（台風、落雷）、火災、地震、火山活動、ちり・ほこり
		社会インフラの損失	空調・水道設備の破損、停電、通信遮断
		放射線による外乱	電磁放射、熱放射、電磁パルス

正アクセス」「改ざん」です。脆弱性を突く攻撃で悪用されるのは、Web アプリケーションの脆弱性だけでなく、システム基盤の脆弱性、ネットワーク基盤の脆弱性もあります。不正アクセスには、外部からのサーバーおよびネットワークへの侵入もあれば、サービスを停止させる DDoS（分散型サービス拒否攻撃）もあります。

外部公開サーバーのシステムを開発する場合には、これらの脅威への対策を考えなければなりません。不十分だと、不正アクセスによる情報漏えいやサーバー停止、攻撃者の踏み台サーバーとなって他企業に迷惑をかけるような被害が起こります。

内部不正に対する脅威に関連するのは、「情報持ち出し」や「盗難」「データ復元」「なりすまし」「通信の盗聴」でしょう。情報持ち出しは、あらゆる手段を使って社内の情報を不正に持ち出してしまうような脅威です。なりすましや盗聴が可能な環境だと、社内の権限のないシステムや情報に対して不正にアクセスができるようになります。これらの脅威分類によって、社内の機密情報の漏えいや不正なデータの改ざん、サービス停止が起こります。

なお、環境的脅威として挙げた「災害」「社会インフラの損失」などは、設計段階で詳細を検討しても対応しきれない脅威がほとんどです。本書では対策の解説を割愛します。

セキュリティ設計の進め方

4段階で脅威の分析と設計を実施

具体的なセキュリティ設計は「Step1 システムの設置場所の定義」「Step2 アクセス経路の特定」「Step3 多層的な対策の整理」「Step4 必要な脅威の分析・精査」の４段階で進めます。こうした段階を踏むことで、開発するシステムに対して必要な対策を導出し、そのシステムに適合した設計を行えます。各Stepで実践すべきことを以下で説明します。

Step1 システムの設置場所の定義

システムの設置場所は「インターネット公開環境」と「社内環境」の大きく二つに分類されます（**図3**）。パブリッククラウド、プライベートクラウドといったクラウド環境の分類には迷うかもしれません。利用者が社内に限定される場合は、社内環境として整理しておけばいいでしょう。

システムの設置場所によって、想定すべき攻撃元が大まかに分類できます。インターネット公開環境であれば、不特定多数の場所、人から攻撃を受けます。社内環境であれば、社内の特定の場所や人からの攻撃に限られます。複雑な攻撃で社外から社内環境に侵入してくる場合もありますが、まずは一次被害を受けるのがどこなのかを想定して整理します。

インターネット公開環境では、「脆弱性を突く攻撃」と「不正アクセス」の脅威を特に考慮します。この２点を重要視した脅威分析を行い、脅威に対する対策を設計工程で整理します。もちろん、ほかの脅威についても考慮すべきですが、特に優先的に分析を行わなければならない脅威分類は上記の二つになるのです。

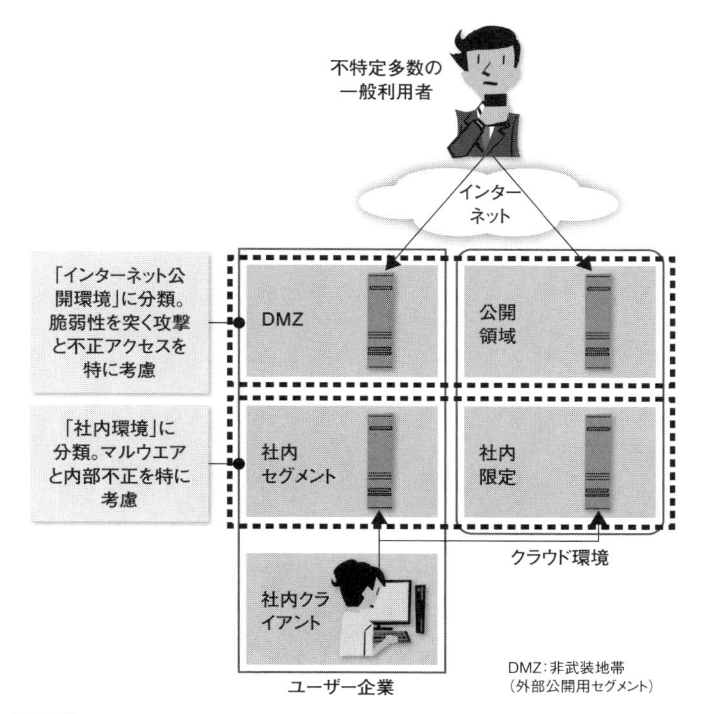

図3 システムの設置場所の分類

社内環境では、端末やサーバーがマルウエアに感染して攻撃される脅威と、内部犯による不正アクセスの脅威が、優先して分析すべき対象に挙げられます。「マルウエア」や「情報持ち出し」が当てはまります。

やや特殊なのが、内部セグメントにありながら、公開Webサーバーからのアクセスがある DB サーバーのようなシステムです。単純に分類すると社内環境ですが、マルウエアや内部犯などの脅威だけでなく、インターネット公開環境が侵害された場合を想定した不正アクセスなども、合わせて考慮する必要があります。

Step2 アクセス経路の特定

アクセス経路は「インターネットからのアクセス」と「社内からのアクセス」の大きく二つあります（**図4**）。

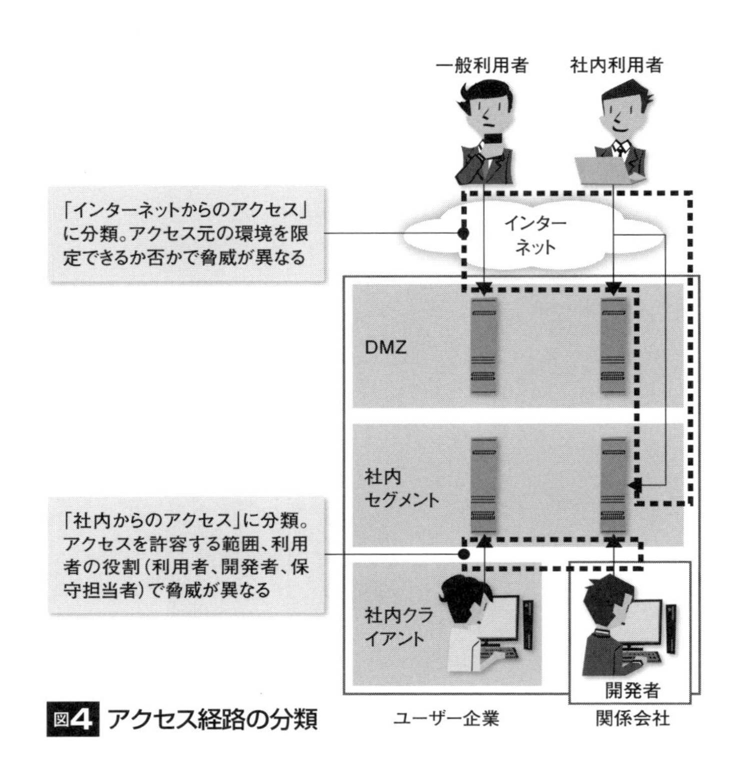

図4 アクセス経路の分類

インターネットからのアクセスでは、利用者は一般利用者と社内利用者の２パターンあります。どちらでも場所、人、アクセス方法を整理するのは同じです。アクセスする場所、人、方法を明確化して、限定できるかどうかを整理します。アクセス元の環境を限定できない場合、あらゆる場所、人、アクセス方法からの攻撃を想定して脅威分析を行う必要があります。限定できる場合は、その場所、人、アクセス方法からの脅威の顕在化を想定すればよいでしょう。

一般利用者の場合、BtoC システムでは不特定多数の場所からのアクセスになります。BtoB システムでは、ある程度アクセス元や方法を特定できます。社内利用者の場合、会社が提供した特定の端末を使ってインターネット経由でアクセスする、特定の事務所・拠点からアクセスする、といったパターンがあります。アクセス方法では Web を使うのか、メールを使うのか、特定のアプリケーションを使うのかといった整理をします。

社内からのアクセスでは、許容するアクセス元の範囲で対応が変わります。アクセス元を社内クライアント環境だけにするならば、社内のシステム利用者に限定した対応で済みます。関係会社からもアクセスする場合は、アクセスする会社、ユーザー、経路、アクセス方法を特定して整理します。そのうえで、存在する脅威を分析する必要があります。

アクセス元がシステムの開発者や保守担当者の場合は、別の観点の考慮が必要です。開発者や保守担当者はシステムの特権または高権限のアカウントを利用できます。特権・高権限の利用による脅威への対応が必要になります。例えば、アクセス元をなるべく限定的な場所、人に制限し、脅威を限定的にします。なお、アクセスルートが開発・保守環境に限定できる場合は、社内利用者よりも限定的になる脅威もあります。マルウエア感染の可能性はその一つです。

Step3 多層的な対策の整理

ここまでで、顕在化する可能性のある脅威をある程度絞り込めたはずです。今度は被害を起こさないための対策を抜け漏れなく整理します。対策の整理は多層的に考えるのが重要です。大まかな分類としては「予防対策」と「発生時対策」の二つがあります。

予防対策とは、脅威が顕在化する前に、対処し防御することです。発生時対策とは、脅威が顕在化した場合に検知・対応することです。従来のセキュリティ対策は予防対策が中心だったため、過去の設計書を使い回すと、予防対策はある程度充実しているものの、発生時対策が不十分になりがちです。

最近はより細かく分類した、米国立標準技術研究所（NIST）が発行したセキュリティフレームワーク「サイバーセキュリティフレームワーク（CSF）」の枠組みを利用する現場が増えています。CSFではセキュリティ対策をフェーズ別に特定、防御、検知、対応、復旧に整理しています（**表3**）。特定と防御が予防対策、対応と復旧が発生時対策に当たります。検知は両方に該当します。これに基づいて対策を整理すれば、さらに抜け漏れを少なくできます（**表4**）。

対策は、全社共通のフレームワークとして標準化して定義しておきます。最新の脅威と対策を、開発の標準化活動の中で定期的にインプットし、全社共通の標準化文書として整備しておきます。プロジェクト個別に作ると手間がかかるうえ、

表3 サイバーセキュリティフレームワークの概要

	機能	カテゴリー
予防対策	特定	資産管理、ビジネス環境、ガバナンス、リスクアセスメント、リスク管理戦略
予防対策	防御	アクセス制御、意識向上およびトレーニング、データセキュリティ、情報を保護するためのプロセスおよび手順、保守、保護技術
予防対策／発生時対策	検知	異常とイベント、セキュリティの継続的なモニタリング、検知プロセス
発生時対策	対応	対応計画の作成、伝達、分析、低減、改善
発生時対策	復旧	復旧計画の作成、改善、伝達

出所：NIST

表4 セキュリティ対策の整理の例

脅威		発生被害例	セキュリティ対策				
脅威	脅威の種別		特定	防御	検知	対応	復旧
脆弱性を突く攻撃	Webアプリケーションの脆弱性	想定しうる発生被害例を記載	脅威と発生被害例を基に、「特定」「防御」「検知」「対応」「復旧」のそれぞれで考えられる対策を定義				
	システム基盤の脆弱性						
	ネットワーク基盤の脆弱性						
不正アクセス	サーバーおよびネットワークへの侵入						
	リスト型アカウントハッキング						
	DDoS攻撃						
・・・・							

不適切な対策を選択してしまうおそれがあります。

Step4 必要な脅威の分析・精査

Step1とStep2でどのような脅威がどこで発生し得るのか明確にでき、重点的に対応すべき脅威とそうでない脅威を分別できたはずです。Step3を通じて対策を抜け漏れなく抽出できました。

最後に、発生し得る脅威を分析・精査して、システムが本当に必要とする対応を導き出します。必要な脅威の対策については対応を強化し、脅威が軽微な対策については必要最低限にしたり、対策をしないと決めたりします。

脅威の分析・精査で最も重要なのは、脅威が顕在化した（システムが攻撃を受けて事象が発生した）際に、ステークホルダーや会社、利用者の業務にどれくらいの影響を及ぼすかを明らかにすることです。リスクマネジメントでいう「ビジネスインパクト分析」です。脅威分析を通じて、顕在化時の影響の大きさと発生確率を明確化します。影響が軽微、あるいは顕在化する確率が低い脅威については、対応の優先順位を下げたり、リスクを受容（対策を実施しない）したりといった判断をします。

開発ライフサイクルに組み込んで対応を続ける

以上を一過性にしないことが重要です。脅威の明確化や対策の整理について、セキュリティ要求事項としてシステム開発ライフサイクルに標準化して組み込みます。そして、ビジネス環境の変化、技術の進展をウォッチして、定期的にアップデートします。セキュリティ設計では、どの脅威に、どこまで対応するかを決定する必要があります。これは投資の決定と同じです。開発チームだけでは決められません。経営層を巻き込んだレビュー・承認のプロセスを確立すべきです。

開発ライフサイクルへの組み込み、標準化、プロセスの確立によって、セキュリティに対する役割・責任を明確化できます。加えて、標準化による開発・運用費の削減、開発スケジュールの短縮化、セキュリティレベルの維持・向上が見込めます。将来的にシステム統合が必要になった場合も、効率的かつ効果的に基盤やアプリケーションを統合できるようになるのです。

これらの活動を、新規開発はもちろん、既存システムの拡張やリプレースにも適用します。

まとめ

- 過去の設計の使い回しは、最もありがちなセキュリティ設計のアンチパターン。新しい脅威に対して無力なシステムになってしまう
- セキュリティ上の脅威は毎年のように変化している。攻撃の目的も手法もターゲットも一昔前とは様変わりしている
- セキュリティ設計の上流工程では、対応が必要な脅威を見極めて、抜け漏れなく対策を整理する。そのプロセスは4ステップに整理できる

2-2 標的型攻撃とランサムウエア

頻発する攻撃の2トップ マルウエアへの対応が鍵

企業で特に直面することが多いのが「標的型攻撃」と「ランサムウエア」だ。この二つの脅威は原因が似ており、セキュリティ設計で実装すべき対策は共通点が多い。標的型攻撃、ランサムウエアがどういった攻撃なのか、原因は何か、どう対策を検討すべきかを解説する。

ここからは、「標的型攻撃」「ランサムウエア」「内部不正」「Webサイトへの攻撃」「IoTシステムへの攻撃」といった、昨今対応すべき五つの脅威を取り上げます。脅威が顕在化するシナリオを示し、その原因を分析して、脅威に対応した対策を説明します。

特に多くの企業が直面しているのが、標的型攻撃とランサムウエアです。NRIセキュアテクノロジーズが上場企業のITや情報セキュリティ担当者を対象に実施している「企業における情報セキュリティ実態調査」の2017年版（回答は671社）によると、標的型攻撃は回答企業の34.1％が、ランサムウエアは32.5％が、過去１年で被害を受けていました（**図1**）。ほかのサイバー攻撃に比べると突出した数字です。

セキュリティに関する脅威は、サイバー攻撃以外に盗聴･盗難、内部不正、ヒューマンエラーなどがあります。それらを含めても、標的型攻撃とランサムウエアは特に発生が多い事件・事故になります。セキュリティ対策を行うには、必ず押さえておくべきテーマだといえるでしょう。

標的型攻撃は、特定企業を標的にして情報を盗み出すサイバー攻撃です。最近は「標的型メール攻撃」というメールを使った攻撃が目立ちます。標的型メールは標的を絞った手法で受信者をだまし、マルウエア付きの添付ファイルを開かせたり、不正なURLに巧妙に誘導したりします。例えば、取引先や社内の人物になりすます、業界内で利用される隠語を利用する、契約書や打ち合わせ時の写真と称した添付ファイルやURLを付けてくる、などです。

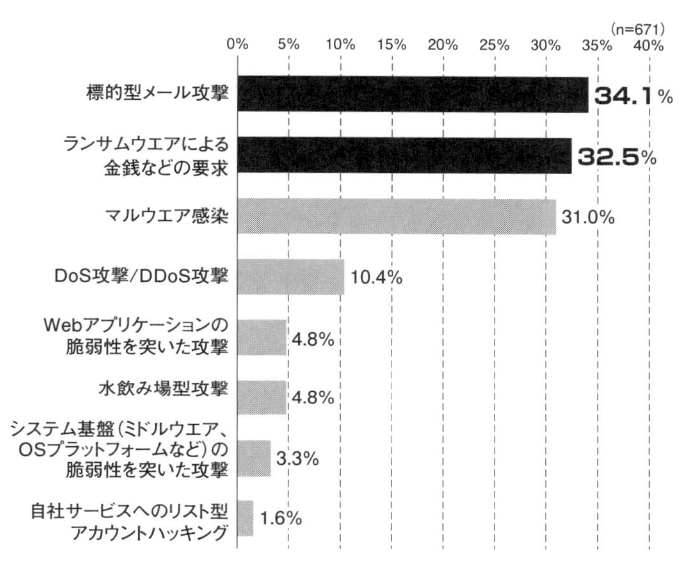

図1 過去1年間で発生したサイバー攻撃による事件・事故

メールに付いている添付ファイルやURLは、マルウエアに感染させる不正なものです。標的のPCがマルウエアに感染したら、攻撃者は遠隔操作などで標的のPCからアクセス可能な範囲を探索してデータを盗み出します。

ランサムウエアは、マルウエアに感染した端末や端末内のデータを人質にして身代金を要求するサイバー攻撃です。人質に取る手段は、攻撃者しか知らない鍵でファイルやディスクを暗号化するなどです。ランサムウエアはこうした攻撃の総称を指すと同時に、暗号化機能を持ったマルウエア自体もそう呼びます。最近は、特定企業に標的を絞ってランサムウエアを送り込もうとする攻撃も増えています。

シナリオで二つの攻撃を追体験

ユーザーはマルウエア感染に気付けない

まずは、標的型攻撃とランサムウエアの具体的なイメージをつかんでもらうため、架空のインシデント対応のシナリオを紹介します。下記のシナリオに登場する企業や事例は、複数の事例を参考に筆者が独自に作成したもので実際の企業とは関係ありません。

シナリオ1　標的型攻撃

中堅印刷会社Ａ社を舞台に、標的型攻撃（標的型メール攻撃）がどういった経緯で発覚するかを体感してみましょう。

ある日、警察からＡ社の総務部に「御社と海外のあるサイトが常時通信をしていることが検知されている」という連絡がありました。総務部の担当者は慌てて情報システム部に連絡して、その通信の調査を依頼しました。

調査を担当する情報システム部の加藤さんは、まずは通信元IPアドレスと通信先URLを記録しているプロキシーサーバーのログを調べました。すると、警察から知らされた海外の不審なサイトと通信しているのは、営業部の田中さんのPCと判明しました。このPCは即座にLANから切り離しました。

田中さんに事情を聞いたところ、本人は海外のWebサイトに接続した覚えはないといいます。不審な出来事がなかったかを聞いたところ、数日前に受信したメールの添付ファイルを開こうとした際、黒い画面が一瞬立ち上がってからすぐに消えた記憶があると話しました。不審に思ったものの、特に何も起こらなかったので放置していたそうです。

差出人：山田(○×マガジン)<yamada@kougeki.com>
宛先：<tanaka@a-sha.co.jp>
件名：【回答依頼】○×マガジン掲載にあたっての印刷依頼
添付ファイル：依頼にあたっての事前資料.zip

A社 田中様

お世話になっております。
○×マガジン山田です。
このたび、弊社の○×マガジンにおいて特大号を企画しており、通常とは異なる印刷方式を考えております。
それにあたって、事前に添付の資料をご確認いただけないでしょうか。
ご多忙の折大変恐縮ですが、宜しくお願い申し上げます。

○×マガジン編集長　山田

図2 標的型攻撃のメール文面例

メールの送信者は取引のある出版社に在籍する、田中さんと面識のない「山田」という人でした。取引のある出版社であるうえ、メールの文面は仕事に関する内容なので、田中さんは特に不思議に思わず添付ファイルを開いたとの説明でした（**図 2**）。

加藤さんは、この話に違和感を感じました。取引先になりすまし、田中さんに添付ファイルを開かせる標的型メール攻撃ではないか――。この可能性を疑って、メールサーバーや田中さんがアクセスできるファイルサーバーを追加で調査しました。

調査結果は加藤さんの疑念を裏付けるものでした。田中さんに送られたメールと同じものが、営業部に所属する 18 人全員に送られていました。ファイルサーバーのログからは、田中さんのアカウントで営業機密情報にアクセスし、データを圧縮して、持ち出そうとしていた痕跡が発見されました。不幸中の幸いとして、メールを開いたのは田中さんだけで、不審な通信元となっていたのも田中さんの PC の IP アドレスだけでした。田中さんの PC から、ほかの PC への感染拡大（横感染）をしている心配はあまりなさそうです。

田中さんが開いたという ZIP ファイルをセキュリティ企業に送り、調査を依頼

①攻撃者がパスワード付きのZIPファイルを添付したメールを送付
②営業部の田中さんがファイルを開く（マルウエアに感染）

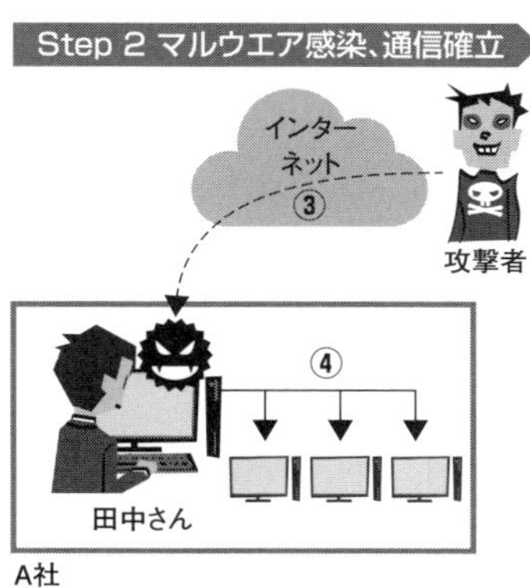

③攻撃者がマルウエアを通じて田中さんのPCを遠隔操作
④マルウエアがネットワークを介してほかのPCへの横感染を試行（これは失敗）

Step 3 情報探索

ファイルサーバー

⑤

⑥

田中さん

A社

⑤マルウエアがファイルサーバーへの不正アクセスを試行
⑥機密情報をダウンロードして圧縮して持ち出そうとしていた（持ち出し前に対応）

図3 標的型攻撃のシナリオ

しました。結果はクロでした。ZIPファイルに格納されたPDFファイルは、脆弱性を突いて不正なプログラムを実行してマルウエアに感染させるものでした。脆弱性は4カ月前に公表済みでしたが、田中さんのPCのマルウエア対策ソフトが最新版にアップデートされておらず、マルウエアを検知・駆除できませんでした。

得られた情報からA社への標的型攻撃の全体像を整理すると、**図3**のような流れでした。

シナリオ2　ランサムウエア

続いて、ランサムウエアも架空の対応事例で追体験してみましょう。

大手製造業のB社である日突然、工場のPCが一斉に操作できなくなり、生産ラインが停止する騒ぎが発生しました。すべてのPCの画面には、「ロックを解除してほしければ暗号化されたPC1台当たり20万円を支払え」という文字が表示されていました。生産部の担当者はランサムウエアを疑い、上位の管理者に対応を仰ぎました。

これらのPCを使えないと、工場の生産は再開できません。多大な被害が発生しているため、経営層は身代金を支払うか否かを検討しました。検討の結果、生産ラインの一時停止を決め、感染が疑われる約100台のPCのクリーンインストールを実施してランサムウエアを駆除しました。

緊急対応が落ち着いた後、侵入経路などの根本原因を調査すると次のような事実が明らかになり、攻撃の全体像が見えてきました（**図4**）。

工場の事務部の鈴木さんが3週間前に本社へ出張した際、ホテルの無料Wi-Fiを利用してインターネットに接続していました。その際、ファイル共有やプリンター共有などで利用する通信ポートの脆弱性を突かれ、ランサムウエアに感染していたと推測できました。鈴木さんに聞き取りをしたところ、マルウエアに感染したという自覚は全くなかったそうです。

出張先から戻った鈴木さんがPCを事務LANに接続したところ、同様のポートの脆弱性を突いてほかのPCに横感染で広がりました。このとき、工場LANのPCも感染しました。工場LANと事務LANは分離しているはずでしたが、脆弱性のあったプロトコルに限ってLANの間にあるファイアウォールで通信制御をしていませんでした。業務で利用していないプロトコルのため、確認が漏れ

Step 1 ポートの脆弱性を突く攻撃

出張先のホテル

①攻撃者はポートの脆弱性を突く攻撃を仕掛け、鈴木さんのノートPCをランサムウエアに感染させた

Step 2 工場内横感染

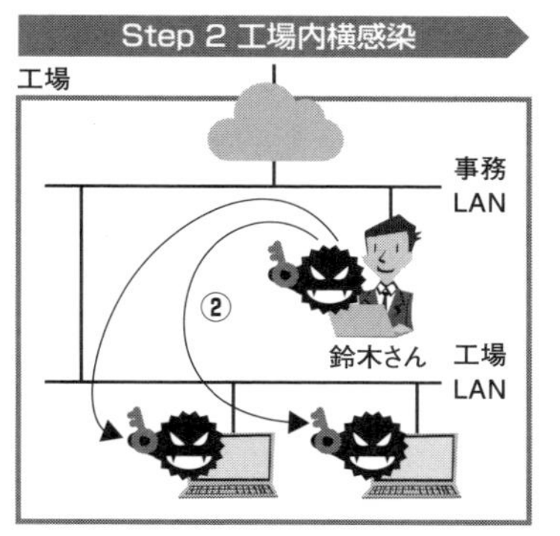

②ランサムウエアがネットワーク経由の横感染を試行し、工場LANのPCも感染した

Step 3 PCロック&生産停止

工場

ロックを解除してほしければ身代金を払え

③身代金を要求する文字の表示とともに工場LANのPCが一斉にロックされ、生産ラインが停止した

図4 ランサムウエアのシナリオ

ていたのです。そのため、横感染は事務 LAN にとどまらず工場 LAN まで拡大してしまいました。

因分析と対策の整理

対策は二つの脅威でほぼ同様

二つのシナリオを基に、標的型攻撃とランサムウエアの根本的な原因を考えてみましょう。

標的型攻撃とランサムウエアは、どちらもマルウエアを使って社内環境の PC やサーバーを侵害するというサイバー攻撃です。マルウエアを「PC の遠隔操作」に使うのが標的型攻撃で、「PC のロック（暗号化）と脅迫」に使うのがランサムエアと考えると分かりやすいでしょう。

マルウエアの感染は様々な脅威が原因になります。

一つめは「メール攻撃」です。前出の A 社の事例では、マルウエアが添付されたメール攻撃から顕在化しました。不正サイトに誘導する URL を付けたメールだったとしても同様の結果になったでしょう。

二つめは「脆弱性を突く攻撃」です。B 社の事例はその典型です。怪しいメールを開いたわけでも不正サイトにアクセスしたわけでもありませんが、PC の脆弱性を突いてマルウエアがPCに侵入してきました。

三つめは「改ざん」を利用した攻撃です。特に標的型攻撃で使われるのが「水飲み場型攻撃」です。攻撃対象が頻繁にアクセスするWebサイトを改ざんして、アクセスしたユーザーをマルウエアに感染させる攻撃手法です。たまたまアクセスしたWebサイトが改ざんされていて、マルウエアに感染してしまうというケースもあるでしょう。

感染経路となる脅威、攻撃の目的が標的型攻撃かランサムウエアかを問わず「マルウエア」が重大な脅威です。マルウエアには、マルウエア対策ソフトベンダーの対応が完了している「既知のマルウエア」と、新種や亜種でベンダーが対応できていない「未知のマルウエア」があります。未知のマルウエアは一般的なマルウエア対策製品では感染を防げません。

身を守る側の企業にとって何よりやっかいなのは、端末が１台でもマルウエアに感染したら脅威が顕在化してしまうことです。「変なメールは開くな」「怪しいURLにアクセスするな」と社員に注意喚起をしても、１人残らずそれを徹底するのは、まず不可能です。

網羅的に見る標的型攻撃とランサムウエアの対策

以上のように標的型攻撃とランサムウエアは似た脅威であるため、セキュリティ設計で考えるべき対策は、ほぼ同様です。

ここからは標的型攻撃とランサムウエアへの対策を考えます。米国立標準技術研究所（NIST）の「サイバーセキュリティフレームワーク」を参考に、ここでは「特定・防御」「検知」「対応・復旧」という三つのカテゴリーで対策を整理します。特定・防御はインシデントをできるだけ起こさないようにするための対策、検知はインシデントの発生に気付くための対策、対応・復旧はインシデントが起こった後に対処するための対策です。

特定・防御

特定とは、守るべき資産を明確にして脆弱性や脅威を定義することです。以下の防御策、検知策、対応・復旧策を要件定義や基本設計で適切に定め、対策を確実に実施することを意味します。

防御策では、マルウエアに感染させない仕組み作りを考えます。大きく二つのアプローチがあります。

一つめのアプローチは、マルウエアに感染するルートを断つことです。

まず、ネットワーク経路でマルウエアの混入を防ぐ方法があります。メールフィルタリング製品を導入して不正な添付ファイルを防止する、IDS（不正侵入検知システム）/IPS（不正侵入防御システム）やファイアウォールで脆弱性を突く通信を検知・遮断する、といった方法が考えられます。これにより、マルウエアの感染をできるだけ未然に防ぎます。

このほか、PC やサーバーにアクセスするルートを限定して、マルウエアに感染する可能性がある経路を極小化する方法もあります。具体的には、役割の違うネットワークセグメントの分離が一つのやり方です。B 社の事例を例に取ると、事務 LAN と工場 LAN を分離して、その間の通信を厳しく制限するのは再発防止策になるでしょう。マルウエアに感染した端末があったとしても、ほかの端末への横感染を防ぎます。

二つめのアプローチは、PC やサーバーでマルウエア対策を行うことです。具体的には、マルウエア対策ソフトの導入と、OS ユーザーの実行権限の最小化、不要なサービスやポートの停止を行います。不正なプログラムを実行できないようにする、仮に実行したとしても駆除できるようにする、といった考え方です。マルウエア対策ソフトは導入だけでなく、パターンファイルを最新に保つ方法の検討も重要です。

検知

検知策には、大きく二つの方法があります。

一つめは、不正アクセスを受けたシステムで検知する方法です。具体的には、PC やサーバーにインストールする「ホスト型 IDS」を導入したり、CPU やメモリー、プロセスなどをセキュリティ的な観点で監視したりします。前者の方法を採用すれば、IDS が対応する範囲で不正な通信を検知できます。後者では通常時の挙動と比較して、異常を見つけ出します。

二つめは、システムの複数のログを分析して、不正アクセスを検出する方法です。まず、システムを構成する機器（各種サーバー、ファイアウォール、IDS/IPS など）

表1　分析すべき主なログの一覧

No	ログ種別	ログ内容
1	Active Directory サーバー	発生時刻、アクセス元 IP アドレス、利用したユーザー ID、認証の成否、アカウントロック状況など
2	ファイルサーバー	発生時刻、アクセス元 IP アドレス、利用したユーザー ID、操作したファイル名、操作内容、該当ディレクトリーやファイルへのアクセス許可 / 拒否など
3	プロキシーサーバー	発生時刻、アクセス元 IP アドレス、利用したユーザー ID、認証の可否、アカウントロック状況、アクセス先 URL、アクセス遮断ログなど
4	メールサーバー	発生時刻、アクセス元 IP アドレス、利用したユーザー ID、メールのメッセージ ID、送信先メールアドレスなど（メール本文や添付ファイルはメールそのものを別途保存する）
5	ファイアウォール	発生時刻、アクセス元 / アクセス先 IP アドレス、アクセス元 / アクセス先ポート番号、許可 / 遮断したプロトコルなど
6	IDS/IPS	発生時刻、アクセス元 / アクセス先 IP アドレス、アクセス元 / アクセス先ポート番号、該当したシグネチャーなど
7	改ざん防止システム	発生時刻、該当ファイル、該当したシグネチャーなど
8	DNS サーバー	発生時刻、アクセス元 IP アドレス、問い合わせクエリー、問い合わせ結果など（ただし、DNS サーバーのログを取得しているケースは少ない）

が出力するアクセスログや実行ログを適切に取得します。ログの相関分析を実施して、不正アクセスや不正なプログラムの実行に気付きます。筆者が分析に多く利用する主なログの一覧が**表1**です。

事後的な分析ではなく、できるだけリアルタイムに分析していち早く検知するのが理想なので、セキュリティに関するログの収集・分析の専用製品「SIEM」（Security Information and Event Management）の導入が一助になります。

対応・復旧

対応・復旧策では、インシデントの検知に対応するための体制、プロセス、手順などの運用設計が必要です。システムの管理者や担当者だけではなく、セキュリティの責任者や業務担当者なども含めた対応が求められます。

体制、プロセス、手順は一度作っただけでは機能しません。システム障害に対する訓練のように、セキュリティインシデントを想定した訓練を定期的に行います。訓練を形骸化させないため、定期的に訓練を実施するよう運用設計やシステムの年間計画の中で適切に定義すべきです。

続いて、マルウエア感染前の状態に迅速に戻せる準備をします。具体的に必要なのはバックアップです。フルバックアップと合わせて、日々更新されるデータもこまめに増分バックアップを行っておき、極力最新の状態に戻せるようにしておきます。定期的にバックアップデータの状態を確認し、復旧できるかどうかを訓練などで確認します。

データのバックアップだけではなく、ログのバックアップも重要です。セキュリティインシデントの発生時には、被害範囲や感染経路を明確にする目的で事後的にログを解析します。ログが不正に改ざんされないような状態でバックアップしておく必要があります。

多層的防御への意識とプロセスの確立が重要

ここで紹介した特定・防御、検知、対応・復旧という切り口は一例にすぎませんが、個別対策の実施には網羅的な俯瞰が欠かせません。どのセキュリティ脅威にも当てはまりますが、特に標的型攻撃やランサムウエアでは多層的な対策が重要です。脅威が発生する対象が数多く存在し、未知の脅威によって事象が顕在化した場合も考慮した対策が求められるからです。

ところが、多層的な対策を実践できている現場は多くありません。NRI セキュ

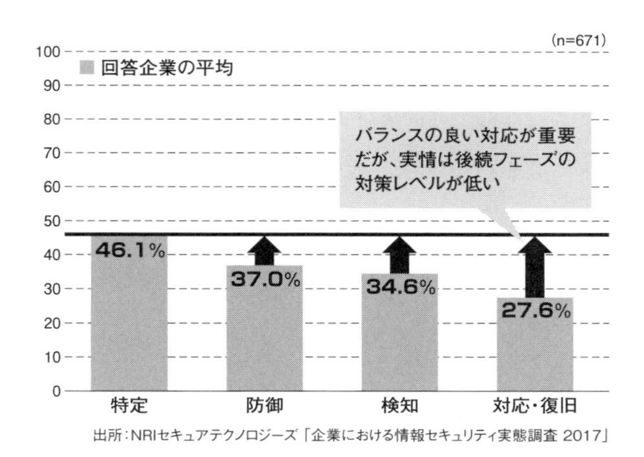

図5 フェーズ別に見た対策の実施状況

アテクノロジーズが実施した「企業における情報セキュリティ実態調査 2017」では、特定、防御、検知、対応・復旧とフェーズ別に対策実施率の平均値を算出しました。結果、特定が一番高く、防御、検知、対応・復旧と後続フェーズになるにつれて対策レベルが低くなっていました（**図 5**）。標的型攻撃やランサムウエアの被害を減らすには、多層防御のバランスを意識して対策を検討する必要があります。

また、セキュリティ対策を徹底するための実施プロセスの確立が求められます。標的型攻撃とランサムウエアは特別なサイバー攻撃に見えるかもしれませんが、個別の対策は「不要なポートの停止」「マルウエア対策ソフトの最新化」「ネットワークセグメントの分離」といった当たり前の対策ばかりです。事例に挙げたA社とB社は、対策が不十分な箇所からインシデントに発展してしまいました。

当たり前の対策が実施できていないのは、チェックポイントやレビュープロセスといったプロジェクトの要所を守る仕組みが存在しないからです。前掲事例のランサムウエアに感染したB社は、IT システムの専門家では当たり前の、ネットワーク分離という考え方を工場側が適用できていませんでした。不備をチェックするレビュープロセスが存在していれば、この問題は発見できたはずです。

IoT（Internet of Things）の進展で、今まで IT 化されていなかった分野もネットワークにつながるようになっています。こうした新しい概念の拡大期には、攻めのビジネスを優先するあまり、セキュリティのような守りの部分は忘れられがちです。また、IT の専門家でない人が設計を担当している可能性もあります。

セキュリティを重視しすぎてビジネスとしての価値が失われては本末転倒ですが、最低限守られるべき当たり前の対策を確実に実施するため、チェックするプロセスの仕組み化が今後さらに求められます。

まとめ

- ●標的型攻撃は巧妙なメールでユーザーをだまし、マルウエアに感染させる。攻撃者はマルウエア経由で感染PCを遠隔操作して、情報を盗み出す
- ●ランサムウエアは端末や端末内のデータを人質に身代金を要求する。人質に取る手段として、ファイルやディスクを暗号化したりする
- ●標的型攻撃もランサムウエアも社内環境のPCをマルウエアに感染させる脅威。原因は共通点が多く、同じような対策が有効になる

2-3 内部不正

不正を行う「機会」を減らす権限管理やログ取得を徹底

個人情報を名簿業者に売ったり、機密情報を持ち出して競合企業に転職したりする——。こうした内部不正が後を絶たない。不正を行う人が社内にいるため、社外から侵入してくるサイバー攻撃とは、対策を検討するための前提が大きく異なる。システム開発の上流工程で実施するセキュリティ設計で重要なのは、不正を行う「機会」の低減だ。

典型的な内部不正は、社員や派遣社員、外部委託先社員による個人情報や機密情報（技術情報やインサイダー情報）の持ち出しです。金銭目的のような故意的

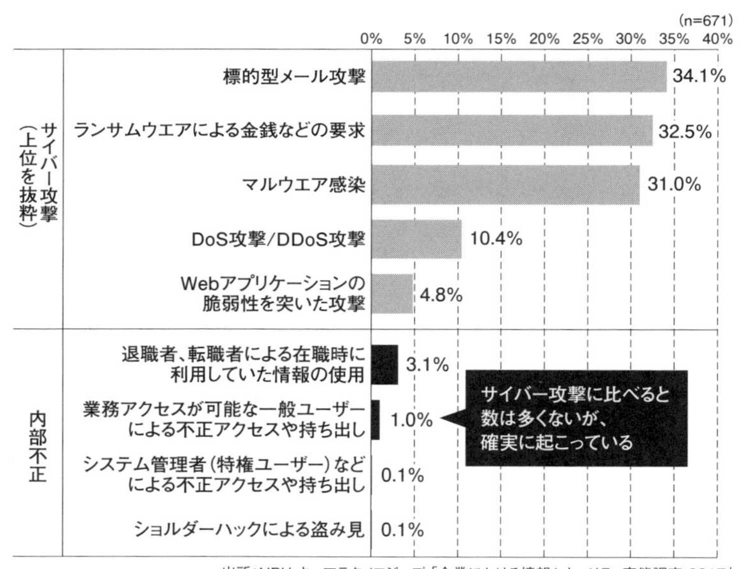

出所：NRIセキュアテクノロジーズ「企業における情報セキュリティ実態調査 2017」

図1 過去1年間で発生した事件・事故

サイバー攻撃の一部と内部不正を抜粋

なものだけではありません。情報を取り扱う担当者のうっかりミスでクラウドサービスやSNSにアップロードしてしまうなど、個人の意識の低さが原因になる場合もあります。

前述した「企業における情報セキュリティ実態調査」によると、標的型攻撃やランサムウエアなどのサイバー攻撃よりも発生数は少ないのですが、内部不正は毎年確実に起こっています（**図1**）。中でも多いのが「退職者・転職者による在職時に利用していた情報の使用」です。

社内に入り込まれた状態から始まる

標的型攻撃やランサムウエアといったサイバー攻撃と比較すると、内部不正には大きな特徴があります。攻撃者が既に社内に侵入しているという点です。サイバー攻撃の場合、攻撃者はマルウエアを標的企業に送り込む必要がありました。攻撃者はITやセキュリティのスキルを駆使して、メールやWebサイトを巧妙に利用して標的をマルウエアに感染させます。

一方、内部不正では難しい手段を取る必要がありません。攻撃者（内部犯）は社内ネットワークに既に接続できているからです。攻撃者が専門知識を持たなくとも攻撃が成立するうえ、持ち出せる情報の機密度が高く、量も多くなる傾向があります。

企業を取り巻く環境は年々複雑化しています。企業同士の吸収合併の増加、外部企業を利用した業務委託の増加、サプライチェーンの複雑化、グループを束ねる持ち株会社の設立といった変化が起こっています。内部不正を起こす可能性があるのは、自社の社員だけという時代は終わりました。様々な対象をカバーしなければなりません。

シナリオで内部不正を追体験

個人情報や機密情報が持ち出される

まずは、内部不正がどのように起こるのか、どのように対応するのかの具体的なイメージをつかんでもらうため、架空のインシデント対応のシナリオを紹介します。シナリオに登場する企業や事例は、複数の事例を参考に筆者が独自に作成しました。実際の企業とは関係ありません。

シナリオ1：運用委託先が個人情報を窃取

自社運営するECサイトで健康食品を販売するA社。最近、A社で登録したメールアドレスに対し、広告メールやいたずらメールが頻繁に届くという問い合わせを相次いで受けました。コールセンターの担当者は個人情報漏洩の可能性を疑い、システム部の中野さんに相談しました。

中野さんはサイバー攻撃の可能性を想定して、社内のPCのマルウエア感染状況を調査しました。しかし、マルウエア対策ソフトによる感染検知の情報はありませんでした。社内の全PCで最新のパッチ適用が完了しており、マルウエア対策ソフトは最新のパターンファイルになっています。プロキシーサーバーやメールサーバーも調査しましたが、不正な通信もマルウエアが添付されたメールもありませんでした。

困った中野さんは調査の方法を変えました。漏洩が疑われる個人情報を保持しているECサイト関連システムへのアクセスを、片っ端から調査することにしました。外部からの不正アクセスやリスト型アカウントハッキングの形跡はありませんでした。想定していたサイバー攻撃ではありませんでしたが、データベースのログから重要な痕跡が見つかりました。

システム部の外部委託先であるB社の社員が、1カ月以上前に大量の個人データをPCにダウンロードしていたのです（**図2**）。通常の業務では、PCに大量の個人情報をダウンロードすることはあり得ません。端末操作ログを取得している資産管理ソフトのログをB社に確認してもらったところ、USBメモリーで100万件の個人情報を持ち出していたことが発覚しました。

委託先の社員に事情を確認したところ、以下の事実が分かりました。この社員は外部委託先の端末からA社のデータセンターにリモート接続して、データベースサーバーにSQL文で問い合わせて100万件の個人情報をダウンロードしていました。持ち出した個人情報は名簿業者に販売して金銭を得ていました。

この内部不正により、A社のブランド価値は大きく傷付けられました。100万件の個人情報が漏洩したインパクトもさることながら、顧客の問い合わせから事態の判明までに多くの時間を要し、消費者やマスコミから批判を受けました。売り上げが低下したうえ、株価も大きく下がってしまいました。

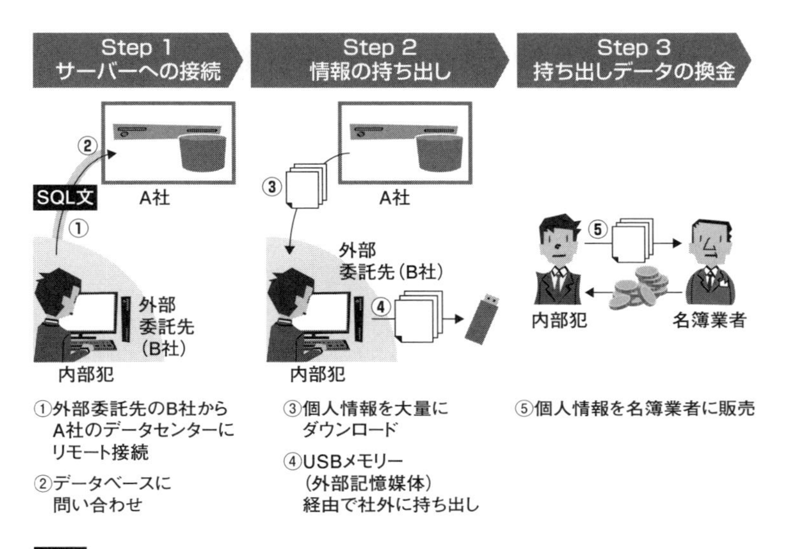

図2 システム担当者による個人情報持ち出しのシナリオ

シナリオ2:退職者が技術情報を持ち出し

もう一つ、別の内部不正の事例を見てみましょう。家電メーカーのC社は家庭用IoT機器の企画・開発に力を入れていました。ある日、海外の展示会にライバルのD社が出展していた新製品のコンセプトが、C社が極秘で開発を進めている製品と酷似していると海外営業部で話題になりました。海外営業部の担当者は技術部に「情報が漏れていないか」と伝えました。

技術部で検討した結果、自社しか知らないはずの技術情報が多く含まれていると判断しました。しかし、その原因が分かりません。情報漏洩を疑って、経路の特定をシステム部の立川さんに依頼しました。

立川さんはまず、サイバー攻撃があったのか調査を実施しました。しかし、標的型攻撃に使われるようなマルウエア感染の疑いはありませんでした。技術部に報告したところ、技術部の社員でD社に転職した人がいるとのこと。その人による内部不正の可能性について調査してほしいとの依頼を受けました。

技術情報が含まれるファイルサーバーへのアクセスログを調査したところ、退

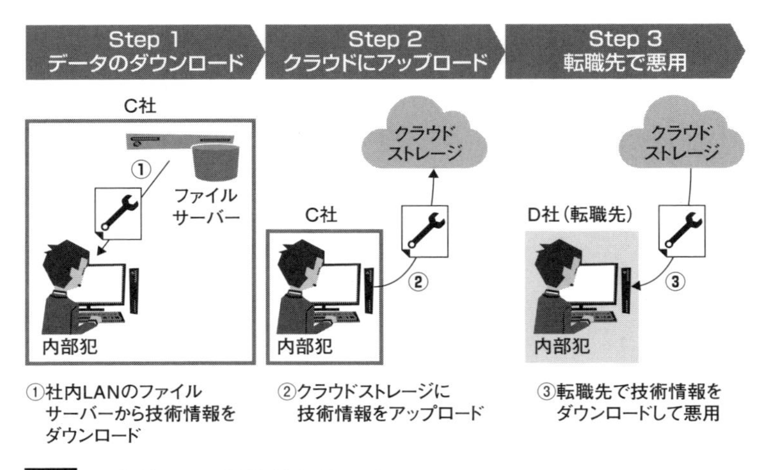

図3 退職者による技術情報持ち出しのシナリオ

職前に技術情報をまとめてPCにダウンロードした形跡がありました。ただ、これだけでは不正に情報を持ち出したかどうかを判断できません。立川さんは経営層に相談を上げて、警察に被害届を出しました。その後、警察を交えて調査したところ、C社の元社員が持ち出した技術情報がD社で使われている事実が分かりました。

内部不正を行った元社員は、C社在職中に社内の技術情報をファイルサーバーからPCにダウンロードして、それをクラウドストレージにアップロードしていました（**図3**）。転職したD社で技術情報をダウンロードして、新製品の企画で利用していました。動機はC社の人事評価への不満でした。競合企業のD社で活躍して、良い評価を受けたいと考えていたのです。

原因分析と対策の整理

技術的対策で内部不正の「機会」を減らす

内部不正で着目すべきなのは、人の心理です。米国の組織犯罪研究者のドナルド・R・クレッシー氏は、「動機」「正当化」「機会」の三つの要因がそろったときに内部不正が発生すると説明しています（**図4**）。

動機は不正行為に至るきっかけです。本人の金銭的な問題、高いノルマへのプ

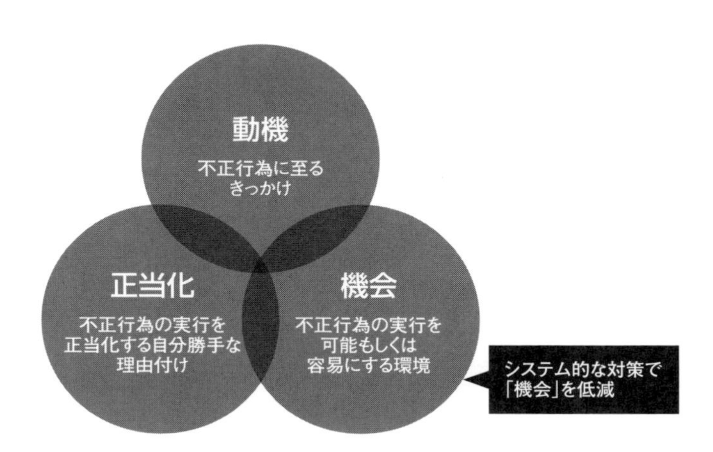

図4 内部不正の3大要因

組織犯罪研究者のドナルド・R・クレッシー氏が提唱した

レッシャーなどが動機になり得ます。不正行為の実行を正当化することは、単に自分勝手な理由付けです。評価や残業への不満、業績の悪化といった状態が正当化を招きます。

機会は、不正行為の実行を可能もしくは、容易にする環境のことです。高いアクセス権限を持っている、複数の部署を兼務している、同じ業務に長年携わっている、といった状態が機会を生みます。

「お金が欲しかった」「自分だけサービス残業しているのはおかしくてむしゃくしゃした」「正当に評価されたかった」といった、実に心理的な動機から内部不正は始まっています。

そして、「個人情報を持ち出して金銭を得よう」「機密情報を持ち出して転職先で正当な評価を得よう」などと行為を正当化します。それは、外部委託先だからチェックが行き届かないだろう、転職・退職してしまえば関係ないといった思考から、徐々に正当化されるのだろうと想像できます。

こうした動機と正当化を持った人の前に、情報を持ち出せる機会がそろえば、内部不正が発生する可能性がぐっと高まります。

逆に言うと、この三つの要因を低減できれば内部不正を防止できるはずです。ただ、動機と正当化という二つの要因は、まさに人の心理であり、非常に生々しいものです。これらへの対策は、職場環境や会社の風土、業績など、企業全体として改善していく必要があるものばかりです。

一方、残りの一つの要因である機会は、人の心理とはあまり関係がありません。内部不正に対してシステム的な対策を打つべきなのは、ここです。機会がなければ内部不正は成立しません。IT システムを利用して不正行為をできない、やらせない環境にいかに近づけるか、これがIT エンジニアが上流工程でやるべき内部不正対策となります。考えられる対策について、以下で詳しく解説します。

「機会」を低減させる内部不正対策

ここからは、内部不正への具体的な対策を「特定・防御」「検知」「対応・復旧」という３つのカテゴリーで整理します。

内部不正に当てはめると、特定・防御の対策では機会をなるべく与えないようにします。検知の対策で機会をモニタリングします。対応・検知の対策で内部不正発生時の対応を迅速にします。

特定・防御

内部不正の「特定」に関する対策とは、情報資産管理です。何を重要情報として扱うかを特定したうえで、それを保管するシステム、管理者、アクセス経路、アクセスするユーザーを管理します。情報セキュリティの基本中の基本ですが、徹底されていない現場が少なからずあります。

「防御」の対策は複数あります。外部記憶媒体の制限、アカウント管理、物理セキュリティ、ネットワーク対策、社員教育――といったものです。

外部記憶媒体の制限

外部記憶媒体の制限とは、USB メモリーやメモリーカード、スマートフォンといった情報持ち出しの原因となる記憶媒体の利用を制限することです。外部記憶媒体を使うとネットワークを介さずに大量の情報を外部に持ち出せるため、過去の内部不正事件でも頻繁に利用されていました。

多くの企業では、外部記憶媒体への書き込みを Windows（Active Directory）や資産管理ソフトの機能で制限しています。こうした機能を利用できない場合は、人的な運用ルールで制限します。例えば、利用可能なUSBメモリーを決め、申請に基づく利用で証跡を残すといったルールです。申請一覧を残しておくと後から追うことができるうえ、そうした運用自体がユーザーへの牽制として働きます。

アカウント管理

アカウント管理とは、重要情報にアクセスするアカウントを適切に管理することです。1ユーザーに対して一つのアカウントを付与し、強度の高いパスワードを設定します。さらに、定期的にアカウント情報を棚卸しします。特に注意が必要なのは高権限アカウントと退職者のアカウントの取り扱いです。

高権限アカウントの代表例は、システム管理者権限を持つアカウントです。こうしたアカウントでは、アクセス権が適切かどうかの確認と定期的な棚卸しを必ず実施します。どうしても高い権限の付与が必要な場合は、アクセスログの取得と確認を徹底したり、本番環境での利用には2人以上の立ち会いを義務化する運用ルールを設定したりするなどの対応があります。

退職者については、退職が決まった段階でアカウントを停止するのが理想です。それが難しくても、退職後に確実に対応するよう徹底します。

物理セキュリティ

物理セキュリティとは、施設や情報への物理的なアクセスを管理することです。個人情報や機密情報を取り扱うシステムやデータベースに高権限者が直接アクセスする際は、特定の部屋や端末からしかアクセスできないようにします。その部屋や端末へのアクセスを指紋認証などで厳重に管理できるとより理想的です。

ネットワーク対策

ネットワーク対策とは、アプライアンスやソフトウエアを使って通信を制御することです。内部不正では犯人が社内にいるため、外部から内部への通信を制御する「入口対策」は意味がありません。重要になるのは、情報を外部に送信させない「出口対策」と侵害範囲を拡大させない「内部対策」です。

具体的な出口対策とは、(1) 重要なメールの送信時に上長が承認するプロセスの導入、(2) Webサイトアクセス時のプロキシーサーバーでのアクセス制御、です。

前述したシナリオ2は、(2)の対策でクラウドストレージへのアップロードを制限していれば防げた可能性があります。内部対策では、情報の重要度や業務内容に応じたネットワークの分離が具体例です。

専用製品での対策もいくつかあります。出口対策では、重要情報かどうかを自動的に判断して外部への送信を防ぐ「DLP（Data Loss Prevention）」が登場しています。内部対策では、データを自動的に暗号化して社外ではファイルを開けなくする「IRM（Information Rights Management）」があります。ただ、どちらの製品もシステム担当者、ユーザー両方の利用負荷が高まるので、運用可能かどうか慎重な検討が必要になります。

社員教育

社員教育としては、クラウドストレージやSNSへのアップロードを禁止するルールの作成、ルール違反時の罰則規定の強化、社内の監視体制の強化、雇用終了時の秘密保持などの誓約書の手続き――が挙げられます。ルールの策定だけでなく、ルールを従業員に浸透させる活動が必要です。禁止を伝えたうえで罰則を強調すると牽制が働き、内部不正の防止を期待できます。

内部不正は従業員という「人」が不正を働くものです。人に着目した教育・研修の対策はないがしろにできません。

検知

内部不正の「検知」の対策は、ログの取得とモニタリングです。機密情報を保管するシステムやデータベースへのアクセスログを取得し、監視し、内部不正の発生を検知できる状態にしておきます。

前述の二つのシナリオは取得・監視すべきログの良い教訓となります。シナリオ1からは、外部委託先からのリモート接続のアクセスログ、重要情報を取り扱うデータベースへのアクセスログ、資産管理ソフトなどで取得する端末操作ログ（端末から外部委託媒体への情報書き込みを記録できる）が必要であることが分かります。シナリオ2からは、クラウドストレージへのアクセスをログで監視する重要性が分かります。これはプロキシーサーバーで取得できます。

不審な動作の発生が分かることと、何が起こったのかを後から追えることが最も重要なポイントになります。ログはリアルタイムのモニタリングが理想ですが、それが難しい場合でも定期的に確認するようにしておきましょう。不正があったことに気付ける、というのが大事です。また、ログを常に監視している事実を周知することで、内部不正への牽制にもつながります。

対応・復旧

「対応・復旧」の対策とは、インシデント対応・報告体制の整備です。

CSIRT（Computer Security Incident Response Team）のようなインシデント対応体制を構築する際、マルウエア感染や外部からの不正アクセスといったサイバー攻撃ばかりを想定してしまい、内部不正は後回しになりがちです。

また、身内を疑うのは心理的な障壁があります。日本はいまだに、性善説的な考え方が一般的です。前述したシナリオは核心である内部不正にたどり着く前に、サイバー攻撃を疑った調査で時間を浪費しています。これは現実でも珍しい事態ではありません。内部不正のインシデントが発生した実際の現場でも、真っ先に内部不正であることを特定し、たどり着けるようなケースはほぼありません。

素早い対処を実現するには、内部不正を視野に入れた対応体制の構築が重要になります。内部不正対策では、社員からのボトムアップで伝わる情報の集約が有効です。怪しい行動を取っている人がいると内密に通報できる仕組み・制度の構築も有効でしょう。CSIRTという枠組みからは少し外れますが、ルール策定の面も含めて総務部門や人事部門の担当者と連携する必要があります。

着実な実施には定期的なチェックが重要

ここまで見てきたように、内部不正に対してはマルウエア対策ソフトの導入やパッチの適用といった一般的なセキュリティ対策は有効ではありません。重要なのは次のような泥臭いともいえる対策です。

・社内にある重要情報をきちんと把握する
・重要情報へのアクセスは適切な人物に制限する
・アクセスに使うアカウントの権限を管理する
・ログを取得してモニタリングする

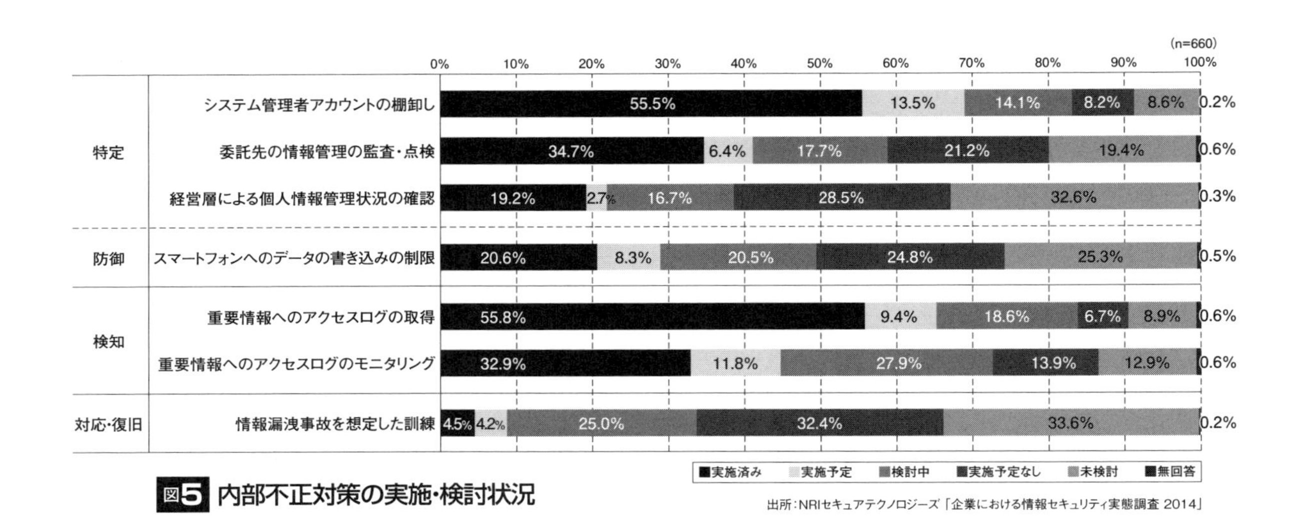

図5 内部不正対策の実施・検討状況

出所：NRIセキュアテクノロジーズ「企業における情報セキュリティ実態調査 2014」

セキュリティの基本ともいえる活動ばかりですが、着実な実施はできていない現場が意外と多いのです。一度実施しただけでは、すぐに陳腐化してしまいます。定期的にチェックするプロセスが最も重要となります。

昨今、企業を取り巻く環境は、ますます複雑化しています。子会社や親会社を含むグループ会社、外部委託先、取引先、顧客など、内部不正に関わり得る対象者は多岐にわたっています。こうした多岐にわたる関係者に対し、必要最小限の情報にアクセスできる権限だけを割り当てます。そして、その状態の維持が求められます。

もう一つ重要なのが、対策のバランスへの考慮です。少し古いデータになりますが、NRIセキュアテクノロジーズが2014年に実施した調査によると、企業の対策の実施状況にはムラがあります（**図5**）。

「特定・防御」に関わる対策では、システム管理者アカウントの棚卸しは過半数の企業が実施済みですが、ほかの項目は十分に実施できていません。「検知」に関わる対策では、重要情報へのアクセスログの取得は多くの企業が実施できていますが、そのモニタリングができている企業は多くありません。「対応・復旧」に当たる訓練を実施できている企業はわずかです。

特定・防御、検知、対応・復旧のバランスを再考すべき企業は多いのが実態なのです。

まとめ

- 内部不正は攻撃者（内部犯）が社内のネットワークに接続済み。持ち出せる情報の機密度が高く、量も多くなる
- 内部不正が起こる要因は「動機」「正当化」「機会」の三つ。システム的な対策で機会を低減させる
- 重要情報の特定とアクセスの制限、アカウントの権限管理、ログの取得と監視などの徹底が重要になる

2-4 Webサイトへの攻撃

様々な攻撃にさらされる
ライフサイクル全体で守る

Webサイトは企業の顔であり、サイバー攻撃の被害を受けるとブランドイメージが傷つき、事業が停止することもある。攻撃の手口は多様かつ巧妙なため、俯瞰した対策を押さえた上で、システム開発・運用のライフサイクル全体にセキュアな考え方とチェック機能を導入していくほかない。

インターネット上で公開しているWebサイトには、不特定多数がアクセスできるシステムが多いです。そのため、非常に狙われやすい対象となります。そのうえ、様々な攻撃にさらされます。SQLインジェクション、クロスサイトスクリプティング、バッファオーバーフロー、リスト型アカウントハッキング――。いくつかの単語は聞いたことがあるという読者も多いでしょう。

個々の攻撃を深く知る前に、そもそもWebサイトが攻撃を受けるとはどういうことか、概要を説明します。概観する上で重要となるのが、セキュリティの3大要素である「CIA」です（**図1**）。これは、機密性（Confidentiality）、完全性（Integrity）、可用性（Availability）の頭文字を取った造語です。

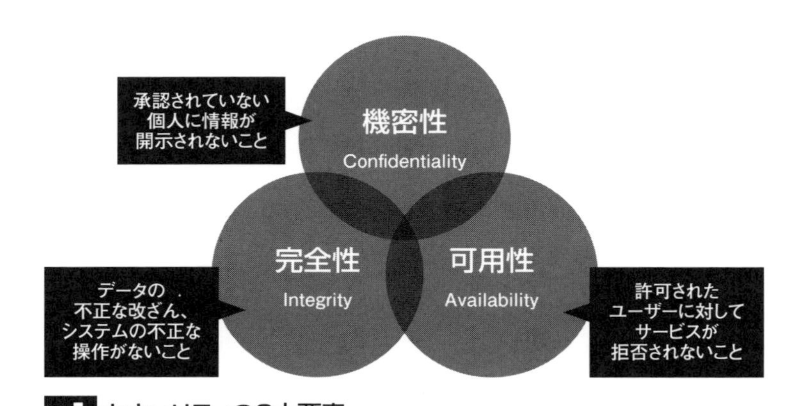

図1 セキュリティの3大要素

機密性が失われるとは、格納されている情報が漏洩するという意味です。Webサイトへの攻撃では、個人情報やクレジットカード番号の漏洩といった事件がこれに当たります。顧客に与える影響が大きく、企業のブランドイメージも大きく損なわれます。

完全性が失われるとは、格納されている情報が改ざんされたり破壊されたりするという意味です。Webサイトの改ざんや個人情報の書き換えなどが該当します。Webサイトの改ざんが起こると、Webサイトにアクセスした利用者が、マルウエアを仕掛けたサイトや詐欺サイトに誘導されたりします。

可用性が失われるとは、システムや情報へのアクセスができなくなるという意味です。Webサイトがダウンし、アクセスができなくなる状態です。代表的な攻撃がDoS（サービス拒否）攻撃やDDoS（分散型サービス拒否）攻撃です。顧客からの信用が失われるほか、ECサイトのようにWebサイト自体が事業の場合は事業継続にも影響が及びます。

Webサイトのセキュリティ設計は、CIAを念頭に置いて検討するといいでしょう。機密性対策ではアクセス制御やデータの暗号化など、完全性対策ではデータのバックアップや改ざん検知ツールの導入など、可用性対策ではサーバーやネットワークの二重化などといった要領です。セキュリティ対策にかけるコストが限られる場合は、CIAのどれを重視するのか考えておくといいでしょう。

シナリオでWebサイトへの攻撃を追体験

脆弱性悪用になりすましと攻撃手法は様々

まずは、Webサイトへの攻撃の具体的なイメージをつかむため、架空のインシデント対応のシナリオを紹介します。シナリオに登場する企業や事例は、複数の事例を参考に筆者が独自に作成しました。実在の企業とは関係ありません。

シナリオ1：脆弱性を突く攻撃

大手家電量販店A社は、実店舗に加えてECサイトでも商品を販売しています。ある日、ECサイトのセキュリティ監視の委託先から「不正な通信を検知した」という連絡がありました。ECサイトの内部からインターネット上の香港のWebサイトに向かう通信を、不許可と検知したのです。

Step 1　脆弱性を突く

攻撃者
Webサーバー
インターネット
①
②
不正なスクリプト（通信確立）

①ミドルウエアの脆弱性を突いてWebサーバーに侵入
②攻撃者と通信する不正なスクリプトをサーバーに配置

Step 2　データベースにアクセス

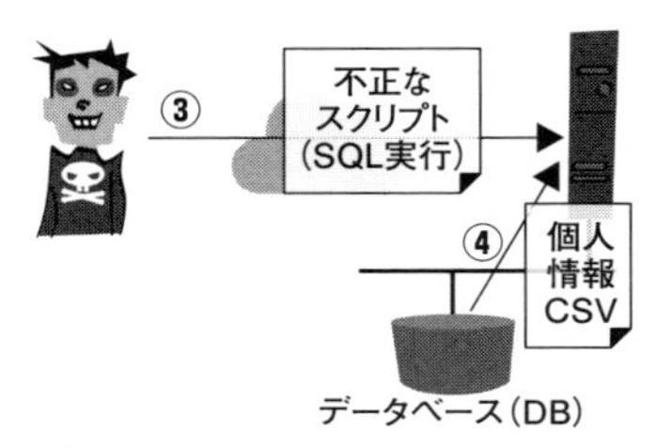

③SQL文を実行する不正なスクリプトを送り込む
④DBにアクセスして個人情報を含むCSVファイルを抽出

Step 3　持ち出しの失敗

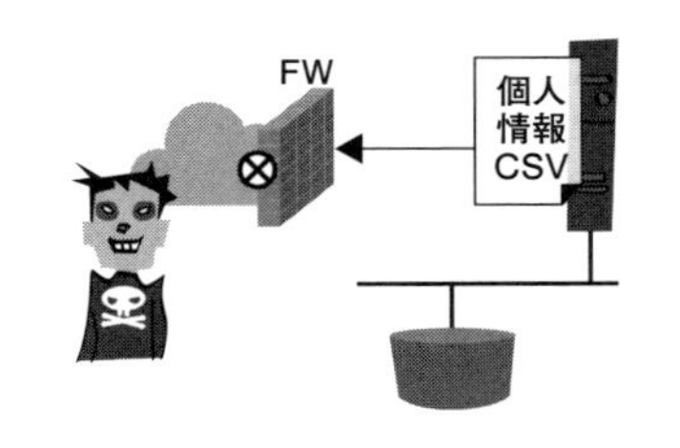

⑤個人情報を含むCSVファイルを攻撃者に送信しようとする。ただし、ファイアウオール（FW）が外部への通信を拒否

図2　脆弱性を突く攻撃のシナリオ

A社のセキュリティ担当の品川さんは通信先と通信元の特定をするため、ファイアウォールやIDS（侵入検知システム）/IPS（侵入防御システム）のログを調査しました。その結果、同じIPアドレスへ繰り返しアクセスする通信が見つかりました。緊急対策として、問題のIPアドレスとのあらゆる通信を遮断しました。また、似たような繰り返しアクセスしているIPアドレスも調べて対応しました。

詳細な原因調査を行ったところ、利用しているミドルウエア（Webサーバー）に任意のコードを実行される脆弱性があると分かりました。外部機関の評価は高い緊急性を示していなかったので、パッチ適用の対象から漏れていました。さらに、外部への通信ログを調査したところ、DBサーバーにアクセスした形跡があることも分かりました。Webサーバー上には見覚えのないZIPファイルが作成されており、その中には100万件の個人情報を含むCSVファイルがありました。

推測できる攻撃は以下のような流れです（**図2**）。まず、攻撃者はミドルウエアの脆弱性を突いてWebサーバーに侵入し、不正なスクリプトを配置して通信を確立しました。バックドアを仕掛けられたということです。続いて、前述のスクリプトを利用して、不正なSQL文を実行するスクリプトをデータベース（DB）の直前に配置しました。そして、不正なSQL文によってデータベースから個人情報を含むCSVファイルを抽出しました。最後に、そのCSVファイルを外部へ持ち出そうとしていました。ファイアウォールが外部への送信を止めたものの、情報漏洩の一歩手前の状態でした。

シナリオ2:なりすましによる不正ログイン

商品と交換できる独自のポイント制度を導入している小売業のB社。最近、消費者から「ポイントが不正に利用されているのではないか」という問い合わせが多く寄せられています。セキュリティ担当の上野さんが調査に当たったところ、1カ月以上前からログイン試行回数が急激に増えていたと判明しました。

ログを調査したところ、IDとパスワードの大量の組み合わせを順番に試すようなログインの形跡がありました。他社サイトから流出したログイン情報を悪用し、ほかのWebサイトにも不正ログインを試す「リスト型アカウントハッキング」だ——。上野さんはそう判断しました。

なりすましによる不正ログイン(なりすましログイン)は、不正ログインと正規のログインの区別が困難です。攻撃者が正しいIDとパスワードを使ってログインしているからです。そのため、調査は難航しました。B社は被害の可能性があるユーザーの操作ログを片っ端から調査しました。疑わしい通信元IPとひも付けながら、一度に大量のポイントを消費している、個人情報の閲覧ページにアクセスしている、といった操作を探したのです。これにより、10万人のユーザーのポイントが不正利用されていると分かりました。

調査で得た情報から推測できる攻撃は以下のような流れです(**図3**)。発端は

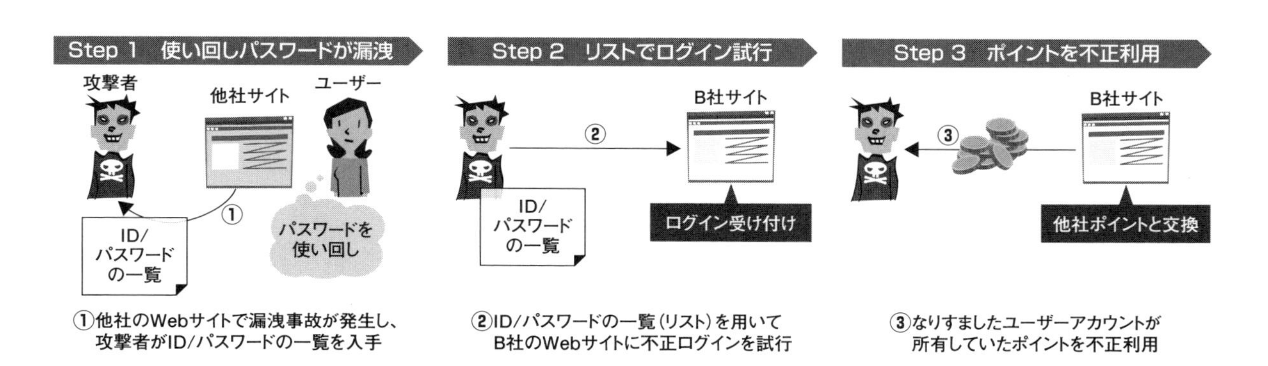

図3 なりすましログインのシナリオ

他社のWebサイトがユーザーのID、パスワードを漏洩させた事件と考えられます。攻撃者は漏洩したID、パスワードの一覧を入手してリスト化しました。攻撃者はそのリストのIDとパスワードの組み合わせを基に、B社のWebサイトへのログインを順番に試行しました。ID、パスワードを使い回しているユーザーの場合、なりすましログインは成功してしまいます。なりすましログインに成功した後、攻撃者はポイントの不正利用を実行しました。

原因分析と対策の整理

開発ライフサイクル全体でセキュリティ確保

脆弱性を突く攻撃となりすましログインは、Webサイトへの攻撃といっても大きな違いがあります。違いを理解した上で対策を検討する必要があります。

脆弱性を突く攻撃は、前述のシナリオ１のようにミドルウエアの脆弱性を悪用するものもあれば、OSやアプリケーションの脆弱性を悪用する場合もあります。脆弱性を突く攻撃の特徴は、攻撃者が脆弱性を利用して不正にシステムの内部に侵入することです。脆弱性の程度によっては、攻撃者が任意のコードを実行できます。サーバーやデータベース、アプリケーションを攻撃者に掌握され、結果として大量の情報漏洩につながる場合があります。

なりすましログインは、リスト型アカウントハッキングのほか、ID/パスワードの総当たりやパスワードによく使われる文字列の試行といった手口があります。不正ログインした攻撃者はアプリケーションを不正に操作します。ポイントを不正利用したり、そのアカウントの個人情報を持ち出したりします。特徴は、アプリケーションの正規の入口（一般ユーザーが利用するログイン画面）から堂々と攻撃を仕掛ける点です。正規のIDとパスワードでログインしているため、不正かどうかの判断が困難です。

上流工程で後続工程を意識した考え方を導入

攻撃の多様さを踏まえた上で、具体的な対策を、「特定・防御」「検知」「対応・復旧」という３つのカテゴリーで対策を整理します。

Webサイトを安全に構築して運営するには、システム開発のライフサイクル全体で注意が必要です。要件定義・設計フェーズで脅威に対する対策や継続的に対策を維持するための設計を行い、実装フェーズで脆弱性を作り込まないセキュアコーディングを実施し、テストフェーズでコーディングのチェック、脆弱性スキャン、ペネトレーションテストを実施します。運用フェーズに入ってからは、ファイアウォールやIDS/IPS、Webアプリケーションファイアウォール（WAF）の設定のチューニング、ログの監視、脆弱性情報の収集を実施する必要があります。

これらを着実に実施するには、要件定義、設計、実装、テスト、運用といったソフトウエアライフサイクルを俯瞰した見直しが必要です。上流工程の段階で、脆弱性を作り込まないセキュアな考え方とチェック機能を各フェーズに導入するようにしていきます。

特定・防御

特定・防御の対策では、Webサイトへ不正な通信や不正アクセスをさせないようにします。資産管理、リスクアセスメント、意識向上およびトレーニング、アクセス制御、データセキュリティ、アカウント管理といった対策が挙げられます。

資産管理

資産管理では情報資産、サーバー、ソフトウエアの構成などを管理します。情報資産管理では守るべき個人情報やパスワード情報などを特定し、台帳やツールを用いて一覧化します。一覧化によりどのような情報を守るべきかが明確になり、Webサイトのシステム構成を定義する上流工程をスムーズに実施できます。

サーバー、ソフトウエアの構成も一覧化して把握できるようにします。Webサイトは様々な要素を組み合わせて構成します。HTML、CSS、JavaScriptのような基本的なファイルから、JavaやRuby、Perl、PHPの実行環境、各言語のライブラリ、Apache HTTP ServerやNginxといったWebサーバーまで様々あります。どういった構成でどんなソフトウエアを使っていて、そのバージョンはいくつなのか。これらが分からないと、脆弱性の発見時の対処が遅れます。

リスクアセスメント

リスクアセスメントは広い意味を含みますが、ここでは「脆弱性スキャン」と「ペネトレーションテスト」を指します。Webサイトに疑似的な攻撃を仕掛け、SQL

インジェクションやクロスサイトスクリプティングといった脆弱性や、本来閉じておくべきポートが開いているといった設定ミスを発見します。脆弱性スキャンはツールを利用し、ペネトレーションテストはセキュリティの専門家が実際に侵入を試します。実施には高度な専門性が必要になるため、外部の専門業者に委託する場合がほとんどです。

ECサイトやSNSサイトのようなユーザーからのインプットを受け付けるWebサイトでは、年に1回以上の実施を推奨します。また、どのようなWebサイトであっても、リリース前に必ず実施すべきです。

意識向上およびトレーニング

開発に携わるエンジニアの意識向上とトレーニングを実施します。意識が不十分だと設計やコーディングの段階で脆弱性が作り込まれていきます。それを防ぐため、脆弱性を作り込まない方法を示した設計基準やガイドラインの整備をして、周知徹底します。設計基準やガイドラインを利用した教育も有効です。

実装段階で作り込まれる脆弱性の典型がクロスサイトスクリプティングです。Webアプリケーションの作りの脆弱性を悪用して、JavaScriptなどの悪意あるスクリプトを実行させる攻撃です。脆弱性の作り込みを避けるよう、ガイドラインに「不正な入力を受け付けないようにするため、入力値チェックを実施するようにコーディングをする」と明記します（**図4**）。エスケープ処理、サニタイジング処理、パラメーター形式チェックなどの具体的な方法も記載します。

設計段階で対策すべきものについては、設計基準に記載します。例えば、アプリケーションが設定したメモリー領域外へのデータ入力で意図的に誤動作を起こす「バッファオーバーフロー」への対策として「OSやメモリーに直接アクセスできない言語（Javaなど）で実装する」といった設計基準の設定をします。

細かい情報は、IPAの「安全なウェブサイトの作り方」、米OWASPの「OWASP Top10 Proactive Controls 2016」といったセキュリティ団体が発行するガイドラインを参考にするといいでしょう。

アクセス制御

アクセス制御は広い範囲を指します。Webサイトへの攻撃対策では、次のポイ

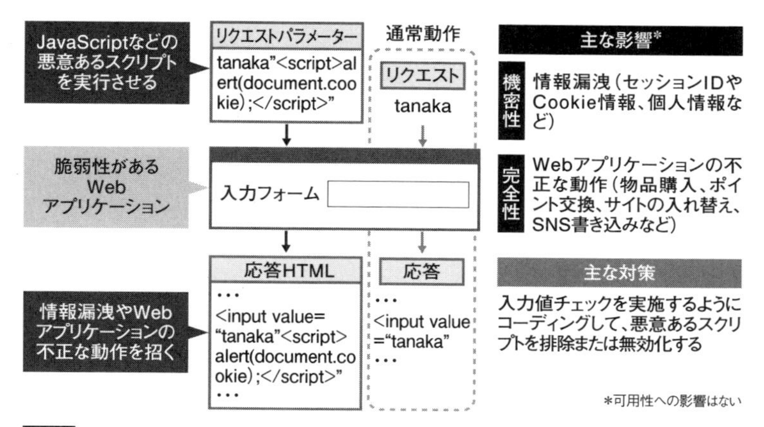

図4 クロスサイトスクリプティングの概要と対策

ントが代表的です。

・インターネットへ公開するサーバーは社内 LAN とは分けた DMZ（非武装地帯）領域に置く
・ネットワーク境界部分にファイアウォールや IDS/IPS を置いて不正な通信を制御する
・WAF を導入して、アプリケーション層で通信を制御する
・個人情報を格納するデータベースは Web サーバーとは別のセグメントに置き、DB はアプリケーションを経由する通信のみを受け付けるようにする

データセキュリティ

個人情報やパスワード情報といった特に守るべき情報は、平文での保存を避けます。個人情報データベースの暗号化、パスワードファイルのハッシュ化といった対処を設計段階で決め、コーディングに落とし込みます。

アカウント管理

アカウント管理も対象が広範です。ここでは、なりすましログイン対策、特にリスト型アカウントハッキング対策について説明します。このケースでは、アカウント管理の対象は一般ユーザーに絞られます。リスト型アカウントハッキングを防ぐには、大きく二つのアプローチがあります。

一つめのアプローチは、一般ユーザーにパスワードの使い回しを避けるように促すものです。Webサイト運営者ができる対策としては、「注意喚起」「過去に設定したパスワードの再利用の禁止」「一定期間以上利用していないアカウントの廃棄」があります。「パスワードへの有効期間の設定」といった方法もありますが、近年は強制的な定期変更は逆効果という見解もあり、採用しない場合が増えています。

二つめのアプローチは、パスワードの使い回しがあっても、その影響を小さくする技術の導入です。「ワンタイムパスワードを使った2要素認証の導入」「通常と違う端末やIPアドレスからのログイン時のメール通知」といった方法があります。

表1 確認すべきログ

攻撃種別	見つけるべきポイント	確認項目	主な確認対象
共通	脆弱性を突く攻撃となりすましログインに共通する攻撃の兆候	特定アドレスからの大量アクセス、平常時を超えた通信量の有無	Webサーバー
		エラー処理、ログファイルのサイズの急増	Webサーバー
		脅迫メールやWebサイト書き込み、第三者サイトやユーザーからの連絡	メール
脆弱性を突く攻撃	SQLインジェクションの兆候	特殊文字（「'」「;」）を不自然に用いた通信の有無	DBサーバー
		管理者以外によるSQL文（SELECT/UPDATE/DELETEなど）の利用の有無	DBサーバー
		重要情報が格納されているテーブルへのアクセスの急増	DBサーバー
		テーブル作成や大量のデータ呼び出しの有無（POSTリクエストのデータ部）	Webサーバー
	XSSとCSRFの兆候	管理者が使用しない権限での不自然なコマンド実行の有無	Webサーバー
		不審なURLへリダイレクトする通信の有無	Webサーバー
なりすましログイン	不正なログインの試行の兆候	短時間での複数ユーザーIDのログイン失敗	Webサーバー
		短時間でのログイン試行回数の増加	Webサーバー
		短時間での存在しないIDのアカウントロック回数の増加	Webサーバー
		不審なアドレス（特に海外）からのログイン試行の増加	Webサーバー
		同一アドレスから複数ユーザーIDのログイン試行	Webサーバー

XSS：クロスサイトスクリプティング　　CSRF：クロスサイトリクエストフォージェリ

検知

検知の対策では、ログの取得と監視が基本になります。脆弱性を突く攻撃となりすましログインでは、**表1**で整理した観点で監視が必要です。攻撃の手口は日々高度化しており、防御対策に万全はありません。ログを常にモニタリングし、傾向を分析します。

ログ監視は「通信の監視」と「アプリケーションの監視」の二つで捉えると理解しやすくなります。

通信の監視は、インターネットとDMZの境界でログを取得して、攻撃の兆候となる通信を見つけます。ファイアウォールでは、同じIPアドレスやブラックリストと定義したIPアドレスからの大量の通信、通常は利用しないポートへのスキャンといった兆候を検知します。IDS/IPSでは、ミドルウエアやOSなどの既知の脆弱性を突いた通信を検知します。

通信の監視は対象となるレイヤーが幅広く、ログが膨大になります。検知対象の明確化を意識して監視するとよいでしょう。

アプリケーションの監視は主にWAFで実施します。SQLインジェクションやクロスサイトスクリプティングといった脆弱性を突く攻撃では、特殊な文字が利用されます。これらの検知、排除では、WAFが有効に機能します。なりすましログインについては、大量のログイン試行やログイン後に個人情報を閲覧する操作のログなどで、不正の兆候を見つけます。

検知対象となるレイヤーが限定されるため、正確な監視を意識して、不審な兆候を見つけたら通信を分析して遮断設定を行います。例えば、同じIPアドレスから3分間に50回以上のログイン試行といった、なりすましログインである可能性の高い通信は遮断設定の対象とします。

対応・復旧

対応・復旧の対策によって、インシデントが発生したときの対応を迅速にします。Webサイトへの攻撃の対処では、事前に決めるべきことが多数あります。不特定多数がアクセスするので、影響を受けるユーザーやステークホルダーは多岐にわたります。

パッチ適用基準

Webサイトを構成するソフトウエアでは、日々新しい脆弱性が発見されています。重要な修正パッチを早急に適用できるようにするため、パッチの適用基準を作成しておきます。そのためには、信頼できる情報ソースと情報収集が欠かせません。脆弱性情報データベースである「JVN」（Japan Vulnerability Notes）のCVSS（共通脆弱性評価システム）を参考にする組織が多いでしょう。

インシデント対応フロー・手順

インシデント発生時の対応フローと手順を作成します。インシデントが発生すると、ファイアウォールやIDS/IPS、WAF、各種サーバーのログ調査や被害拡大を防ぐ緊急対応が必要になります。どう動いたらいいか分からない、対応の方法が属人的になる、といったことがないように手順を整備しておきます。

内部報告基準

社内への報告について、誰にどういった基準で連絡するのかを定めます。ECサイトやコーポレートサイトは各企業･団体の顔であり、経営層も高い関心を持っています。適切な報告をできるよう、報告の基準や報告のフォーマットをあらかじめ決めておきます。

外部報告基準

社外への報告について、どの組織にどういった基準で連絡するのかを定めます。連絡先としては、関係省庁や警察、セキュリティ専門組織、一般ユーザーなどがあります。調査でWebサイトを停止する場合、多くの一般ユーザーに影響します。来訪者に停止を告げるメッセージを表示する「Sorryサーバー」への切り替え基準についても定めておきます。

まとめ

- 個々の攻撃を深く知る前にセキュリティの3大要素である機密性、完全性、可用性で概観する
- OSやミドルウエアの脆弱性を突かれたり、アプリケーション上でなりすましログインをされたりと攻撃の手口が多様化している
- Webサイトを安全に構築して運営するには、システム開発のライフサイクル全体での注意が必要になる

2-5 IoT システムへの攻撃

攻撃手法と影響度を分析 ライフサイクルで対策検討

多数の機器がインターネットにつながる IoT（Internet of Things）では、従来の IT システムとは少し異なるセキュリティ脅威が存在する。実施可能な攻撃の手法や想定される被害の内容を分析し、それぞれの脅威の特性に合わせた対策を講じる必要がある。

「IoT」が多くのユーザー企業の注目を集めています。IoT では、Web カメラや工場の生産設備の各種センサー、電気やガスのメーター、温度や湿度を測る環境センサーなど、従来はネットワーク化されていなかったり、閉じたネットワークで利用されていたりしたモノがインターネットにつながります。これにより、生産ライン制御の効率化や情報分析の高度化といった新たな価値を提供します。

しかし、これまでクローズドな環境で利用されてきたデバイスがインターネットにつながると、サイバー攻撃を受けるリスクが高まります。

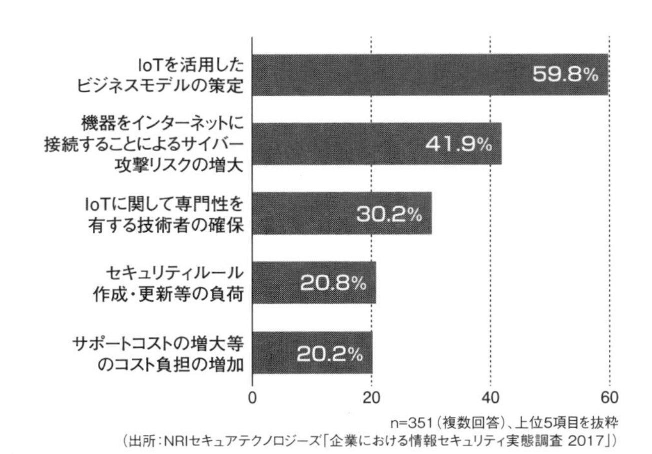

図1 IoTシステムの導入／検討における課題認識

NRI セキュアテクノロジーズが実施した「企業における情報セキュリティ実態調査 2017」で、IoT における課題を聞いたところ、「機器をインターネットに接続することによるサイバー攻撃リスクの増大」を危惧しているという回答が 40% を超えました（**図 1**）。多くの企業は、IoT を活用したいがセキュリティの脅威に対する懸念が足かせになっている状況といえます。

IoT システムでは、既存の一般的な業務システム（IT システム）とは異なるセキュリティ脅威が存在します。そのため、その特徴を理解し、脅威の特性に合った対応が必要です。

IoT システムの最大の特徴は、様々なセンサーデバイスが多数つながることです。デバイスで取得したデータをネットワークを介して収集し、分析・活用します。データ収集における認証やデータ分析などの機能を持つクラウドサービスが、IoT システムのプラットフォームとして提供されています（**図 2**）。

こうした構成の IoT システムでは、(1) デバイス、(2) ゲートウェイ / ネットワーク、(3) プラットフォームという構成要素と、IoT システム全体を考慮する (4)

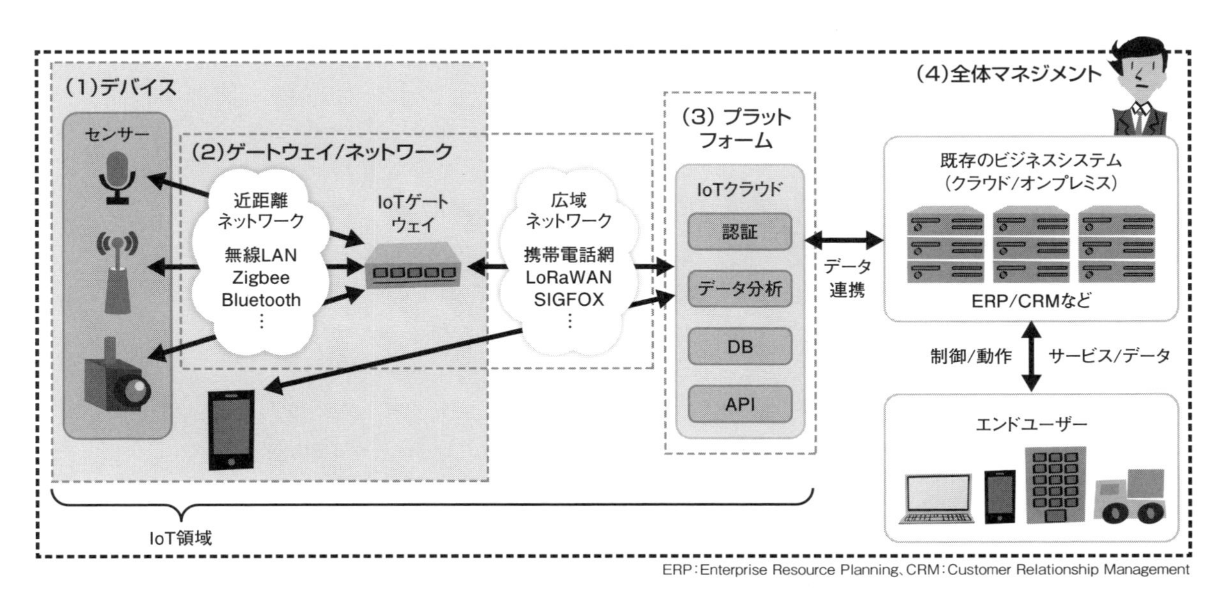

図2 IoTシステムの構成とセキュリティを考慮すべき4要素

表1 IoTシステムで考慮すべきセキュリティ要件

要件	主な発生事象	主な影響
機密性	情報漏えい	情報流出、不正利用
完全性	改ざん、破壊	サービス不具合、他へのサービス侵害
可用性	システム、デバイス停止	サービス利用停止
安全性	デバイス、システム暴走	人命などライフラインに関わる事故や社会インフラへ影響を与える事故

全体マネジメント――のそれぞれで、セキュリティを考慮する必要があります。

情報システムに関するセキュリティでは一般的に、情報が漏えいしないことを示す「機密性」、情報が改ざんされたり壊されたりしないことを示す「完全性」、必要に応じて情報にアクセスできることを示す「可用性」を維持する考え方が適用されます。IoTではこれらに加えて、「安全性」という特性が適用されることが多くなります（**表1**）。

IoTシステムでは、デバイスやシステムが暴走して、人命などに関わる事故や社会インフラへ影響を与える事故につながる可能性があるからです。最近は自動車がネットワークにつながる「コネクティッドカー」が注目されていますが、これは安全性を重視すべきIoTシステムの典型でしょう。

2015年9月に米国のFiat Chrysler Automobiles（FCA）は、ハッキング対策を理由に米国内の140万台もの乗用車をリコール対象とすることを発表しました。これは、無線経由で各種操作をリモートで実行可能であることをデモンストレーションした映像を、研究者がネットに公開したことがきっかけとされています。研究者がある一定の条件下で高度な技術を駆使した場合に成立する事象が「安全確保および環境保全上の技術基準に満たない」とみなされ、リコールにまで至ったわけです。

機器の脆弱性を狙ってウイルス感染

またIoTシステムでは、セキュリティの脅威が顕在化した場合に、その影響範囲が大きくなりがちです。つながるIoT機器の数が多く、それらは様々な機器やシステムと連携しているからです。

IoT機器自体が、十分なセキュリティ対策が難しいという問題もあります。パソコンやサーバーのような豊富なシステムリソースがなく、ウイルス対策などのセキュリティ機能の実装に制約があるからです。また脆弱性が明らかになっても、ソフトウエアを更新する仕組みを備えていない機器も少なくありません。

IoT 機器の脆弱性を利用したサイバー攻撃は、実際に起こっています。2016 年10 月には、米国の DNS（Domain Name System）サービスプロバイダーの Dyn が、大規模な分散型サービス拒否攻撃（Distributed Denial of service、DDoS 攻撃）にさらされ、サービスの提供が滞ったことが大きく報道されました。セキュリティ対策が不十分な、あるいは脆弱な状態でネットワークに接続された IoT 機器が「Mirai」というウイルスに感染したことが原因とされています。

Mirai は、デジタルビデオレコーダーや Web カメラといった IoT 機器の脆弱性を利用してウイルスに感染させ、多数の感染機器（ボット）から大量のデータを攻撃対象サーバーに送信して、DDoS 攻撃を実行します（**図 3**）。具体的には、TELNET ポートが開放されている機器を狙って、攻撃を仕掛けます。リモートメンテナンスの効率性を考えて、TELNET ポートを開放している機器が数多く存在していました。

Mirai による攻撃事例では、IoT システムにおける利用者側の問題と、IoT システムの提供者側の問題の両方が浮き彫りになりました。

利用者側の問題としては、情報セキュリティの確保に対する意識が十分でない

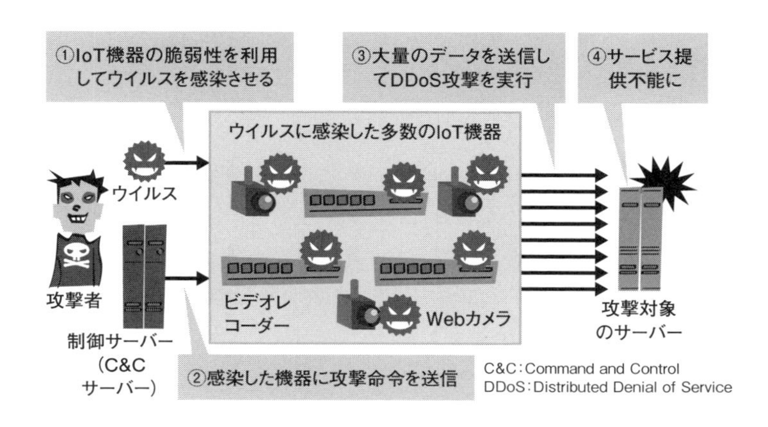

図3「Mirai」によるIoT機器を踏み台にしたDDoS攻撃の仕組み

本体 / パスワード	管理ユーザー名	admin
	管理ユーザー名	password
	管理パスワード	user
	参照ユーザー名	password
	参照パスワード	AP＋本製品の優先MACアドレス
	管理インタフェース	HTTP/HTTPS:有効 TELNET/SSH:有効 SNMP:無効
	SNMP Version	v1/v2c
	SNMP Getコミュニティ	public
	SNMP Setコミュニティ	private
	SNMP Trap	無効
	SNMP Trapコミュニティ	public
	SNMP Trap送信先	なし

図4 デフォルトのパスワードが記載された取扱説明書の例

実際の取扱説明書を基に作成

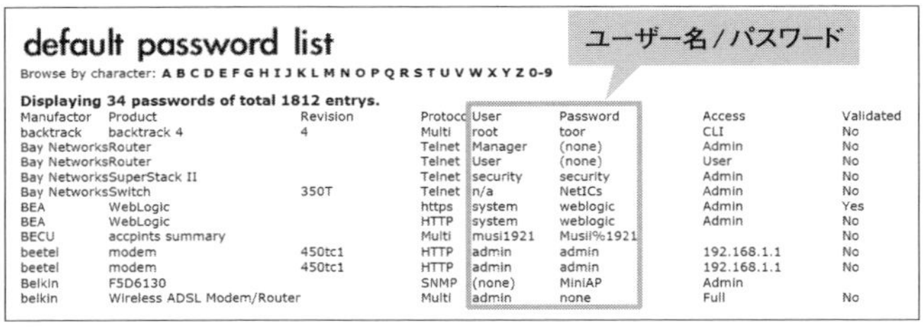

default password list

Browse by character: A B C D E F G H I J K L M N O P Q R S T U V W X Y Z 0-9

ユーザー名 / パスワード

Displaying 34 passwords of total 1812 entrys.

Manufactor	Product	Revision	Protoco	User	Password	Access	Validated
backtrack	backtrack 4	4	Multi	root	toor	CLI	No
Bay Networks	Router		Telnet	Manager	(none)	Admin	No
Bay Networks	Router		Telnet	User	(none)	User	No
Bay Networks	SuperStack II		Telnet	security	security	Admin	No
Bay Networks	Switch	350T	Telnet	n/a	NetICs	Admin	No
BEA	WebLogic		https	system	weblogic	Admin	Yes
BEA	WebLogic		HTTP	system	weblogic	Admin	No
BECU	accpints summary		Multi	musi1921	Musii%1921		No
beetel	modem	450tc1	HTTP	admin	admin	192.168.1.1	No
beetel	modem	450tc1	HTTP	admin	admin	192.168.1.1	No
Belkin	F5D6130		SNMP	(none)	MiniAP	Admin	
belkin	Wireless ADSL Modem/Router		Multi	admin	none	Full	No

出所:http://www.defaultpassword.com/

図5 デフォルトパスワードを集めて公開しているサイトの例

ことが挙げられます。個人ユーザーのリテラシーは不十分ですし、法人ユーザーでも情報システム部門が導入に関わっていなかったりします。こうした利用者にとっては、必要な機能を使えるかどうかが重要で、IoT機器にセキュリティ上の設定が必要だという意識はありません。「初期パスワードを変える」「使わないサービスはオフにする」といった注意書きには目がいかないでしょう。

IoT機器の管理者パスワードを変更しないままにしておけば、簡単にウイルスに感染させられてしまいます。ほとんどのIoT機器の取扱説明書は、インターネット上でいつでもダウンロードできます。そして、説明書にはデフォルトパスワードが記載されていることもあります（**図4**）。これらのデフォルトパスワードを集め、リスト化されたものは、インターネットで検索すればいくらでも出てきます（**図5**）。デフォルト設定のままでインターネットに公開するのは、脆弱性をさらけ出したまま利用するようなものです。

提供者側にも問題があります。ユーザーにセキュリティ対策をゆだねるのではなく、機器の初回設定時に強制的にパスワードを変更する仕組みにする、ネットワーク経由でメンテナンスが可能なものは、強制的にパッチを適用する仕組みにするなど、機器の設計の段階で考慮しておく必要があるといえます。

5つのステップで脅威分析

攻撃と被害を洗い出して影響度を評価

IoT システムのセキュリティ脅威に対し、対策を漏れなく実施するには、システムで利用する機器の要件定義や基本設計の段階から、セキュリティ要件や仕様を洗い出して適用していく必要があります。そのために有効なのが、「脅威分析」です。

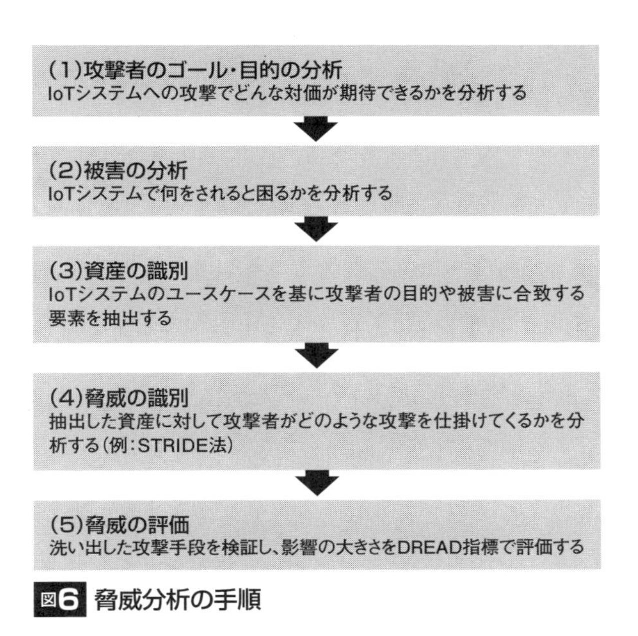

図6 脅威分析の手順

脅威分析の一般的な流れは、(1) 攻撃者のゴール・目的の分析、(2) 被害の分析、(3) 資産の識別、(4) 脅威の識別、(5) 脅威の評価——の５つのステップで構成されます（**図 6**）。

最初のステップとなる (1) 攻撃者のゴール・目的の分析は、ひと言でいえば、攻撃者が何を狙っているかを分析するプロセスです。攻撃者の立場で、「IoT 機器を攻撃することでどんな対価を期待できるか」を想像力を巡らせて考え抜くことが必要です。

例えば「制御システムの操作」「信用へのダメージ」「恐喝」「暴露」「情報の窃取」など、具体的に挙げていきます。ただし、ゼロから具体的な攻撃目的を考えるのには、限界があるでしょう。その場合は、米 MITRE が策定した脅威情報の記述仕様「STIX（Structured Threat Information eXpression）」などが参考になります。STIX は、情報処理推進機構（IPA）が概要を解説しています（https://www.ipa.go.jp/security/vuln/STIX.html）。「サイバー攻撃活動」「攻撃者の意図」などの記述を参考に、IoT ならではの観点を加えて分析してみることをお勧めします。

ステップ (2) の被害の分析は、「対象となる IoT システムで何をされると困るか」を分析することです。ステップ１で挙げた例に対応した被害を記載すると「意図しない制御システムの操作によるサービスの停止や不正な動作」「データの改ざんや破壊」「不正侵害での踏み台による他への攻撃（DDoS など）」となります。

ステップ (1) とステップ (2) のプロセスは、密接な関係にあります。そのため、明確に分けずに一緒に進めてもよいプロセスといえます。

(3) の資産の識別は、対象となる IoT システムのユースケースや使われる状況のシナリオを策定し、攻撃者のゴール・目的や被害に合致する要素を、資産として抽出・識別するプロセスです。

例えば、Bluetooth イヤホンのユースケースを考えてみましょう。「利用者が Bluetooth イヤホンをケースから取り出す→ Bluetooth 機能が自動的にオンになる→スマートフォンが検知し接続する→イヤホンを耳に装着する→赤外線センサーが耳を検知する→音声通信がオンになる→スマートフォンで音楽が再生されイヤホンから聞こえる→電話が着信し音楽が中断され着信音が鳴る→イヤホンをタップしイヤホン・マイクで通話する」という一連のシナリオを想定します。

このシナリオでは、資産候補は「イヤホン（Bluetooth コンポーネント、赤外線センサー、タップセンサー）」と「スマートフォン」となります。

次に（4）の脅威の識別を実施します。これは、攻撃者が上記の資産に対し、どのような攻撃を仕掛けてくるかを洗い出し、設計段階・実装段階で適切な防御策を講じるための分析です。

脅威の識別の具体的な方法としては、「STRIDE（ストライド）手法」が知られています。米Microsoft が策定したソフトウエア開発における一般的なアプローチですが、IoT における脅威の識別としても有効です。想定される脅威を、「なりすまし（Spoofing）」「改ざん（Tampering）」「否認（Repudiation）」「情報の漏洩・意図しない開示（Information disclosure）」「DoS 攻撃（Denial of service）」「権限昇格（Elevation of privilege）」の 6 つに分類します。STRIDE はこれらの頭文字をとったものです。

攻撃手段を検証してリスク度合いを分析

最後のステップの（5）脅威の評価では、製品の故障分析などで一般的に用いられている FTA（Fault Tree Analysis）手法や、FTA をサイバー攻撃の分析に応用した ATA（Attack Tree Analysis）手法を用いて、脅威が発現する具体的な条件や、攻撃手段を検証します。攻撃の手段を抽象度の高いものからより詳細な手段へツリー構造で分解し、そのリスクの度合いを分析する手法です。

分解した攻撃手段の影響の大きさは、「潜在的な損害（Damage potential）」「再現可能性（Reproductivity）」「攻撃利用可能性（Exploitability）」「影響ユーザー（Affected users）」「発見可能性（Discoverability）」という 5 つの指標を用いて評価します。それぞれの頭文字をとって「DREAD（ドレッド）」と呼ばれています。

Bluetooth イヤホンの例では、「イヤホンとスマートフォンに対して攻撃が成立するか」「攻撃が成立する場合、どの程度の損害が発生するか」を評価します。イヤホンに対してできる攻撃は限られていますが、爆音にしてけがを負わせる、音楽を聴けなくする、通話を盗聴するといった脅威に対して、攻撃の成立可能性や再現可能性などを総合的に評価します。

5 つのステップで分析したセキュリティ脅威について、それぞれの影響の大きさや発生可能性を踏まえて、対処方法を検討します。特に影響の大きい部分に対策を講じるだけでも、重大な不具合の多くは改善されます。IoTの使われる環境や種別、ユースケースを基に特にリスクの高い脅威への対応を重点的に行うことが必要です。IoT機器を利用する環境や業界によっては、安全性（Safety）を最優先に考えなければならない場合もあります。人命を優先する医療機器や事故が起こったときの影響が甚大な電力・石油・ガスの制御機器などです。利用する機器の環境や特性に応じた対応を行うことが、効率的・効果的なセキュリティ設計方法といえます。

IoTの開発ライフサイクル

インシデント対応の仕組みを整える

IoTシステムを実装するときの開発・運用ライフサイクルは、全体的な流れは一般的なITシステムとさほど変わりはありません。ただし、ITシステムにおける開発工程は、IoTシステムの開発では「企画・設計・開発」と「調達・生産」、運用工程は「販売・設置」と「導入後サービス」に分かれます。これらのライフサイクルに対して、主な対応者や対応場所を踏まえて、セキュリティに関する検討を実施します（**図7**）。

ライフサイクル

	企画・設計・開発	調達・生産	販売・設置	導入後サービス
主な対応者	製品/サービスの企画・設計・開発者	生産ラインの製造者	サービス販売者	サービス問い合わせ対応者
主な対応場所	企画・設計・開発を行う執務室	生産工場	店舗・倉庫	サービス利用側
セキュリティに関する主な検討内容	製品開発セキュリティ（セキュリティ・バイ・デザイン）	工場セキュリティ	運用セキュリティ セキュリティインシデント対応	
	・セキュリティ要件定義 ・システムセキュリティ設計（機密性/完全性/可用性＋安全性） ・セキュリティ仕様開発 ・ソフトウェアセキュリティテスト	・生産ラインのセキュリティ（物理セキュリティ、マルウエア対策など） ・組み込みセキュリティテスト（脆弱性テストなど）	脆弱性対応 ・脆弱性情報収集、影響規模・範囲の確認 ・脆弱性の対応（ソフトウエアの遠隔更新、修正プログラム配布など）	インシデント対応 ・製品の異常監視・検知 ・事実関係把握、対応判断 ・対応計画策定、対応

図7 IoTシステムの開発・運用のライフサイクルとセキュリティに関する主な検討内容

企画・設計・開発では、製品のハードウエアや組み込みソフトウエアについて、要件定義から設計、開発、テストの各フェーズで、セキュリティの検討が必要です。気を付けるべき主なセキュリティ脅威は、機器出荷後のウィルス感染、不正アクセス・不正利用、盗聴・改ざんです。これらを踏まえて、対策を講じます。

ウイルス感染に対しては、アンチウイルス対策や脆弱性を残さないセキュアコーディングなどを考慮します。不正アクセス・不正利用に対しては、ユーザーや機器の認証、不要なアクセス元IPアドレスやポートの制限などの実装を検討します。盗聴・改ざんに対しては、通信の暗号化やデータの更新制御などの機能が有効な対策になります。また、脅威顕在化時の対応のために、ログやバックアップの機能の実装についても検討します。

調達・生産では、生産工場でハードウエアを組み立て、ソフトウエアを組み込みます。生産ラインのセキュリティも考慮して、製造することが求められます。セキュリティの脆弱性を含んだまま出荷をしてしまったら、その後のリコール対応（脆弱性の対応）が大変なだけでなく、その機器や会社自体の信用失墜にもつながります。

最近は生産管理システムなどの業務システムとネットワークがつながっているので、マルウエアが絶対に混入しないような対策が重要です。業務システムと製造のためのネットワークを分離したり、ファイアウォールを導入したりするなど、環境に応じて最低限の対策を実施します。また、出荷前の脆弱性検査も必要です。

脆弱性が顕在化したときの対応が重要

販売・設置や導入後サービスの工程で検討するのは、利用者視点でのセキュリティ対策といえます。ここで特に重要なのは、製品やサービスの出荷後に脆弱性が明らかになった場合や、セキュリティインシデントが発生した場合の対応です。

脆弱性対応では、ITシステムと同様に、ソフトウエアの脆弱性情報を収集したり、脆弱性が顕在化したときの影響規模・範囲を特定したりして、対応を判断する必要があります。その上で、機器のソフトウエアの遠隔更新やプログラムの修正を行います。

インシデント対応では、機器やネットワークへの不正アクセスやウィルス感染などを異常として監視・検知することが必要です。ただし、IoT機器内部のプログラムやログを定期的に監視することはほぼ不可能です。そこで、機器とのデータのやり取りで出力されるメッセージを監視し、通常と異なるかどうかで異常を検知するのが現実的です。

また、インシデントが発生した場合の対応体制や対応手順などを整備し、迅速かつ正確に対応判断や対応の実施ができるようにしておくことが重要です。

前述した通り、IoT機器へのセキュリティ対策の実装には制限があるため、機器のソフトウエアの脆弱性が見つかった場合に、頻繁にプログラムをアップデートしたり、パッチを適用したりしづらいのが普通です。そうしたIoT機器においては、必要最低限のソフトウエアの更新や、脅威が顕在化した際に、機器の認証やアクセス制限を初期化・更新するような仕組み（認証鍵や個体認証の更新）などが必要です。

また、機器サポートの有無や継続期間、サポートを得るための条件や方法などを確認し、機器提供者と利用者の責任範囲を明確にしておきます。

米国は政府調達でセキュリティ対応が条件に

セキュリティの確保されていないIoT機器による被害が顕在化しつつある現在、IoT機器を製造する側だけでなく、システムとして実装する側や利用する側としても、セキュリティ側面から評価するアプローチが不可欠になっていくでしょう。

例えば米国では、IoTに関する法令「Internet of Things（IoT）Cybersecurity Improvement Act of 2017」が審議されています。

この法令では、政府調達条件として、IoT関連製品を販売する企業に対して「パッチ適用が可能であること」「業界標準プロトコルを使用していること」「パスワードがハードコードされていないこと」「既知のセキュリティ脆弱性に対応済みであること」が義務付けられる案となっています。利用者側である政府機関にも、導入されている全IoT機器のインベントリの作成が義務付けられ、脆弱性マネジメントを利用者として適切に実施することを同時に求めています。

国内でも今後、こうした動きが進むでしょう。IoTシステムに関わるメーカーやSIerなど提供者にとっても、IoTを活用するユーザーにとっても、IoTのセキュリティについてできることから取り組みを始め、対外的な説明責任を果たせる状態としておくことが望ましいといえます。

まとめ

- ●攻撃者はIoT機器の脆弱性を狙った攻撃を仕掛ける。多様な機器がインターネットに接続するため、被害の影響が広がりやすく、深刻な事故にもつながりかねない
- ●セキュリティの脅威に対応するには、実現可能な攻撃の手法や攻撃による被害を「脅威分析」で洗い出す
- ●IoTシステムの開発・運用のライフサイクルの各工程で、セキュリティ対策を検討する必要がある

2-6 情報セキュリティ負債の返し方

追加・拡張で無用化する対策 適度に捨てないとほかを圧迫

高度化を続けるサイバー攻撃に対応するため、企業の情報システムではセキュリティ対策のエンハンスメント（追加・拡張）を継続的に実施する。ただ、行き当たりばったりのエンハンスメントだと、追加･拡張した機能が「情報セキュリティ負債」に変化する。これは企業の情報セキュリティ対策に悪影響を及ぼす。

第２章では、「標的型攻撃」「ランサムウエア」「内部不正」「Webサイトへの攻撃」「IoTシステムの攻撃」といった重要な五つの脅威と、それに対応する上流工程で実施するセキュリティ設計を解説してきました。セキュリティ対策は一度設計・実装して終わりではありません。脅威は高度化、複雑化を続けており、求められる対策は時とともに変わります。セキュリティ対策の追加や拡張（エンハンスメント）の継続的な実施が求められますが、そこには落とし穴があります。

システム開発の世界では「技術的負債」という言葉があります。ソフトウエア開発のスピードを優先した結果、増えてしまった品質の低いコードのことです。複雑、重複、手抜きのコードが多くなっていくと、保守や次の開発・改修の際に多大なコストがかかるようになります。そのため、どこかのタイミングでコードを整理して修正する「リファクタリング」の実施が必要になります。

放置して品質の低いコードが増えるほど、リファクタリングは大変になります。これが借金と返済の関係に似ているため「負債」という比喩表現を使います。短期的なメリットを優先しすぎると、後にツケが回ってきて中長期的にはデメリットが大きくなるというのは、実際の生活でもよくあります。

セキュリティの世界でもこれと同じ現象が起こります。短期的にセキュリティ対策の導入スピードを優先させると、中長期では重複したり形骸化したりした無駄な対策が増えていきます。どこかのタイミングで整理して品質を改善しないと、無駄な対策にコストを払い続けたり、運用に手間がかかりすぎたり、想定しないセキュリティ上の穴ができてしまったりします。筆者はこうした現象を引き起こ

表1 情報セキュリティ負債とは

	短期的視点	中長期的視点
技術的負債	ソフトウエア開発のスピードを優先	ソフトウエア品質改善の軌道修正を行うために必要なリソースが肥大化
情報セキュリティ負債	情報セキュリティ対策導入のスピードを優先	情報セキュリティ対策の品質改善の軌道修正を行うために必要なリソースが肥大化

す要素を「情報セキュリティ負債」と呼んでいます（**表1**）。放置していると返済が大変になる点も技術的負債と同じです。

情報セキュリティ負債とは

追加・拡張時の見直し不足で発生

情報セキュリティ負債が主に発生するのは、セキュリティ対策のエンハンスメントを実施したときです。サイバー攻撃は高度化を続けています。セキュリティ対策のエンハンスメントをしないとシステムを守りきれません。また、公的機関や業界団体の規程やガイドラインは継続的に更新されています。日々、コンプライアンス順守のために実施すべきセキュリティ対策は増えたり変更されたりしています。

ただ、セキュリティ対策のエンハンスメントが行き当たりばったりだと、情報セキュリティ負債が積み上がっていきます。情報セキュリティ負債には次の二つのパターンがあります。

一つめは「重複したセキュリティ対策」です。短期的視点で個別最適化したエンハンスメントを各システムで実施すると、どうしてもセキュリティ機能の重複が生じます。二つめは「形骸化したセキュリティ対策」です。既に陳腐化して安全性が低下している技術や、利用されていない機能がシステム内に残存しているような状態です。

これらは機能面だけでなく、運用面にもあります。既に不要になった運用プロセスが現場に残っている、といった状態です。導入当初に運用プロセスを過剰なレベルに設定して、見直しがないままになっている運用現場は少なくありません。運用は単純作業の繰り返しが多く、時を経るごとに当初の目的を見失いがちです。現場では無駄かどうかを気付けないものです。

情報セキュリティ負債が引き起こす問題

情報セキュリティ負債が引き起こす問題は主に三つあります（**図1**）。

一つめは「維持コストの増加」です。情報セキュリティ負債は本来不要なセキュリティ対策です。この維持にリソース（ヒト・モノ・カネ）を投入していると、情報セキュリティ対策コストが適正値よりも過剰になります。

コストはソフトやハードウエアに支払う直接的な金銭負担だけではありません。ヒトやモノといったほかのリソースを過剰に使うため、間接的なコスト増も相当な額になります。例えば、追加の対策により、それまで利用していたセキュリティ機能が不要になったとします。情報セキュリティ負債を放置している現場だと、不要になったセキュリティ機能（コードやAPI）が残り続けます。動作している限り、CPUやメモリーといったサーバーリソースを消費します。

実装時のテストや維持管理といった作業に費やす人的リソースも、機能が残っていれば引き続き必要になります。また、ほとんどのセキュリティ対策は実効性を確保するため、実施結果の報告を求めます。報告を行うセキュリティ対策が増えるほど、報告のためのデータ収集や報告フォーマットの整理に必要な作業量が増えます。

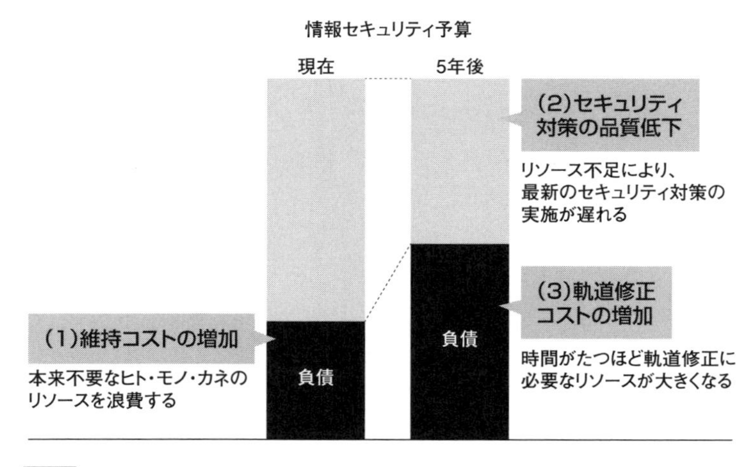

図1 情報セキュリティ負債が引き起こす問題

二つめは「セキュリティ対策の品質低下」です。不要な対策が多いほど、追加対策を実施した際に連携する機能や運用が増え、実装やテストが多くなり、不具合や不足が生じてしまう可能性が高くなります。また、重複した機能や運用が多いと、本来正常な処理まで異常として検知（フォールスポジティブ）してしまうことも考えられます。新たな脅威への対応を行う際に考慮すべきことが増え、余分なリソースを使うだけでなく、結果的にミスやトラブルが増えてしまうといった影響を及ぼします。これでは、セキュリティ対策レベルを上げるどころか、下げる要因となってしまいます。

三つめは「軌道修正コストの増加」です。冒頭で紹介した技術的負債と同様に、情報セキュリティ負債も放置すればするほど軌道修正に必要なリソースが大きくなります。セキュリティ対策にはお金がかかります。数が増えていけば、それだけ変更にかかるコストが増えます。また、セキュリティ対策の導入から時間が経過するほど、実施時の目的が分からなくなっていきます。軌道修正をするには、対策がその時点で有効か否か、対策を中止した場合にどういった範囲に影響するのかをコストをかけて調査したうえで、中止や変更を検討しなければなりません。

情報セキュリティ負債が生じる理由

情報セキュリティ負債が生じる理由の大部分は、短期的な視点でセキュリティ対策の導入に注意が集中してしまうためです。毎日のようにセキュリティ事件・事故が報道され、その中には新しい手口のサイバー攻撃があったりします。セキュリティ対策を実施するIT現場は、そうした新しい脅威への対応でプレッシャーを感じているはずです。

また、新しい脅威の台頭に対抗するため、公的機関や業界団体が発行するガイドラインは定期的に更新されています。更新時に新たなセキュリティ対策の導入を推奨する場合もあります。ガイドラインの順守が義務になっている業種もあるでしょう。そうした業種ではコンプライアンス対応のために、新しいセキュリティ対策を導入しなければなりません。

セキュリティ対策の導入を急ぎすぎると、システムごとの個別最適で対策を実施することになります。次々と登場するガイドラインで推奨される対策を追いかけていると、その時点で実施している対策の棚卸し、各機能の有効性の見直しがおろそかになります。こうなると、重複したセキュリティ対策を導入してしまうケースがあるでしょう。従来の対策をきちんと見直さないと、形骸化したセキュリティ対策もそのままになってしまいます。

本来なら企業内の様々なシステムの全体像を捉え、中長期的な視点に立った対策の計画や見直しが必要です。しかし現実には、個別の対策を優先して後回しになっている現場が多いと考えられます。情報セキュリティ対策は単純に増やしていけばよいというものではありません。多層防御の観点から優先度を考え、全体最適を意識したバランスの取れた対策の取捨選択と見直しが必要です。

事例で見る情報セキュリティ負債

自社のレベルを踏まえて一段上を目指す

情報セキュリティ対策のエンハンスメントでは、不足している対策の追加導入に加え、過去に導入した対策の必要性の見直しが必要です。このプロセスを欠いたり、方法を誤ったりすると、情報セキュリティ負債の増加につながります。

とはいえ、いきなり最適な方法でエンハンスメントを実施できる企業は少ないでしょう。まずは自社のレベルの見極めが必要です。セキュリティ対策のエンハンスメントについて、筆者独自で５段階に整理したのが**表２**です。自社の実情やレベルを見極めたうえで、一歩ずつ上のレベルを目指すことを推奨します。

レベル１はエンハンスメントができていない状態、レベル２は事件や事故に対応して都度対応する状態です。新しい脅威に計画的に対応しきれているとは言いがたいレベルです。まずはこの状態から脱して、セキュリティ対策の維持・向上を図るためには、最低レベル３以上になることが必要です。

表2 セキュリティ対策のエンハンスメントのレベル

レベル	状態	概要
1	初期状態	場当たり的な対応を繰り返している
2	管理された状態	セキュリティ障害や事故に対してシステム個別に都度対応している
3	定義された状態	定期的に新たな脅威に対応している
4	定量的に管理された状態	レベル3の対応に加え、実装技術や運用負荷を定量的に確認して、不要な対応をシステム個別に見直している
5	最適化している状態	レベル4の対応に加え、標準化や自動化を実施して、システム個別ではなく全体最適を図っている

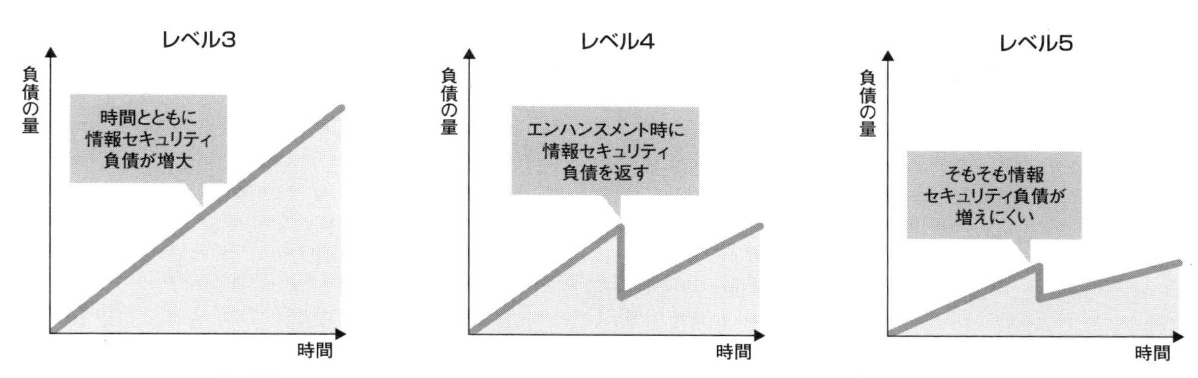

図2 エンハンスメントのレベルに応じた情報セキュリティ負債の増え方

レベル3以上は最新の脅威に対応できている点は同様です。違うのは情報セキュリティ負債の増え方です（**図2**）。レベル3では、過去に導入した不要な対策の見直しがなく、情報セキュリティ負債が時間とともに増大してしまいます。レベル4はエンハンスメントのタイミングで不要な対策を定量的に洗い出して、情報セキュリティ負債を返済しています。レベル5はシステム全体で標準化や自動化を実施しており、全体最適ができています。この段階になると、情報セキュリティ負債がそもそも増えなくなるはずです。

これだけだとイメージしづらいので、レベル3～5の企業はどういったエンハンスメントを実施しているのか、筆者がセキュリティ対策の見直しを支援した実際の事例を使って説明します。

レベル3：負債が増え続ける

この企業は定期的に他社事例や世の中の動向をウォッチし、新しい脅威に対応できるソリューションを継続的に調査していました。決して、セキュリティ対策に疎い企業ではありません。業界団体のガイドラインの改定を機に、セキュリティ対策のエンハンスメントを実施しました。新しい脅威に対して強固なシステムになりましたが、セキュリティ対策コストがシステムリリース当初の1.5倍に増加してしまいました。

コストが増加してしまったのは、機能の重複を考慮せずにツギハギでセキュリティ対策を実施したからです。この企業はガイドラインの改定のたびに、その時点で自社に不足している対策を洗い出して導入してきました。結果として最新のガイドラインが推奨する対策はすべて網羅しています。これ自体は悪いことではありません。問題は過去の対策の見直しが不十分であることと、対象となるシステムで個別に対策を実施したことです。同様のセキュリティ機能を複数のシステムで個別に対応すれば、当然コスト増になります。

運用面も同様の状況でした。従来の対策を見直さずにエンハンスメントで運用対策を追加した点と、システム個別で対応した点によりコストが増加していました。この企業で運用面のセキュリティ対策を整えたのは、J-SOX法に基づく内部統制強化の際でした。その後、他社で内部不正の事故が起こったのを見て、その事故事例を基に自社の不備を改めました。昨今はサイバー攻撃の脅威が騒がれており、サイバー攻撃対策の一環として運用によるセキュリティ強化を図りました。セキュリティ事故を防ぐ能力は高まりましたが、運用にかかるコストは増え続けていました。

レベル４：エンハンスメント時に負債を返済

一歩進んだある企業では、エンハンスメントのタイミングで機能面と運用面からセキュリティ対策を見直していました。日々の業務の中でセキュリティ対策の問題点を抽出します。見つかった問題点は「改善テーマ」として整理しておきます。エンハンスメント時に改善テーマを参照して、対応の優先順位を決定します。また、新たに導入する機能や運用についてと過去に対策した内容とを比較して、重複している機能や形骸化している運用がないか、評価（アセスメント）を実施します。アセスメントはプロジェクトメンバーで行う場合もあれば、外部の第三者にゆだねる場合もあります。

アセスメントには時間とコストを要しますが、不要な機能をそぎ落とせばコスト削減になります。テスト工数の削減にもつながります。運用面も同様です。IDやアクセス権の見直しや集約化、ログの取得や集約化の見直しといった効率化をすると、セキュリティを強化しつつも運用の作業量を増やさずに済みます。

短期的にはアセスメントの実施分だけ必要なコストが増えますが、中長期的には増強した機能のサポート費用や運用コストの増加を抑えられます。

レベル5：そもそも負債が増えづらい

最もレベルの高い企業では、機能や運用の標準化をシステム横断で継続的に行っていました。品質管理組織とセキュリティ組織が連携して、システム横断で共通化して実装すべき機能、標準化・自動化すべき運用を検討して適用しています。例えば、業界団体のガイドライン改定でセキュリティ要件が追加になった場合、関連するシステムで横断的な対策を実施できないかを検討します。先行対応するシステムで標準化を意識した対策を導入して、その対策をほかのシステムに展開していくという手順を確立しています。

機能面ではIDやアクセス権の管理、認証、ログ管理、バックアップとリストアといった機能を標準的なAPIやサービスで実装します。システム個別で必要な機能がある場合でも、標準外で導入したり開発したりするのは最小限にとどめます。また、導入後は他システムと共用できるようにします。エンハンスメント時には利用しているAPIやサービスの要、不要を評価し、不要なAPIやサービスが残らないようにします。

運用面ではID管理、アクセス管理、ログ管理といった運用管理で、システムを横断して統合化するような仕組みを構築しています。システム個別の運用プロセスを作るのは必要最低限にとどめます。加えて、手作業による運用を定期的に見直し、ツールを使った自動化を図り運用を効率化します。

マルウエア感染や脆弱性を突いた攻撃といった有事への対応の運用も標準化・共通化しています。例えば、初動の脅威分析や周知対応はセキュリティ部門が対応し、システム個別の対応はセキュリティ部門が管理・支援しながら、システムの担当部門が対応すると決めています。

ただし、このレベルに到達するのは簡単ではありません。ハイレベルな企業でも、多くの失敗や課題に直面しています。その都度、失敗の原因分析を行い、課題を整理して、全体最適化の観点を持った解決策を横断的な組織で話し合う、といった地道な取り組みを続けています。

情報セキュリティ負債の改善方法

「重複」と「形骸化」を見つけ出す

サイバー攻撃の脅威は年々高度化しており、経営を揺るがすようなセキュリティ事件、事故も発生しています。セキュリティ投資の重要性に異論がある人はほとんどいないでしょう。しかし、IT投資は本来、ビジネスを変革するために行うものです。セキュリティ投資が増えすぎ、ビジネス変革のためのIT投資をひっ迫するようでは本末転倒です。

「セキュリティレベルは高めたいが、セキュリティ投資額が増え続けるような事態は避けたい」というのが多くのITエンジニアや経営者の本音でしょう。かといって、コスト削減を理由に必要な対策を見送るわけにはいきません。焦点を当てるべきは情報セキュリティ負債です。不要なセキュリティ対策の機能や運用をなくして、無駄なコストがかからないようにします。

以下では、機能面と運用面に分けて、どこに情報セキュリティ負債があるのかを明らかにする方法と、情報セキュリティ負債をなくす方法を説明します。

(1)機能面の情報セキュリティ負債

機能とは「PCでの特定ソフトウエアの実行禁止」や「脆弱性を突いた攻撃のネットワーク上での検知・防御」といったセキュリティ対策を支える個別の機能のことです。セキュリティ対策の継続的なエンハンスメントを実施した結果、重複する機能がシステム内に存在する可能性があります。

負債を見つけ出して改善するには、次のような手を打ちます。最も優先すべきは「機能の標準化・統合化」です。機能を標準化できていれば、そもそも機能の重複は起こりません。情報セキュリティ負債の発生を未然に防げます。

標準化まではできない企業では「エンハンスメント時の見直し」を実施します。エンハンスメントのタイミングでその内容をレビューして、重複する機能がないかどうかを確認します。そのためには各システムで実装している対策を言語化・文書化し、共通的に可視化して確認できる状態にしておくことが必要です。また、直近で把握している情報セキュリティ負債を整理して改善します。大小様々な負債が含まれるため、それぞれの重要度を評価し優先順位を設定して対応します。

エンハンスメント後も「定期的なアセスメント」を実施できるとよいでしょう。不要なサービス、セキュリティコード、資産（ID、アクセス権、ログなど）の見直しを実施して、対応が漏れて残存する情報セキュリティ負債を一定のタイミングでなくします。システムのアセスメントや棚卸しなど、既存の定期的対応と合わせて実施すると効率的です。

ちなみに、未対応となっている課題も情報セキュリティ負債の一種です。課題は放置するほど対応コストが高まります。課題対応は過去のエンハンスメント時の課題管理、セキュリティ障害への対応履歴、利用部門からの要望に基づいて対処策を検討します。

(2)運用面の情報セキュリティ負債

セキュリティ対策としてソリューションやサービスを導入したら、それを目的通りに機能させるよう運用を続ける必要があります。例えば、セキュリティ対策の実効性を確保するため、実施結果の報告レポートを作成します。情報資産の棚卸し、システムへのアクセス履歴の収集と蓄積、通信トラフィックの分析といった作業も必要です。問題はエンハンスメントを続けていると、形骸化した運用が増えてしまうことです。これが運用面の情報セキュリティ負債になります。

負債を見つけ出して改善するには、定期的な運用業務の棚卸しが重要です。まずは「不要・過剰な運用業務の見直しと改善」を実施します。機能面の見直しと連動して、影響のある運用プロセスを把握し、不要だったり過剰だったりするプロセスを改善します。その際、運用業務の対応負荷を定量的に評価します。運用プロセスの効果が負荷に見合っているかどうかを検討して、不要であれば取りやめ、過剰であればより簡易なプロセスに変更します。

続いて「必要な運用業務の見直しと改善」を実施します。業務内容の言語化と文書化を進め、重複した運用業務の標準化・統合化、オペレーションの自動化やアウトソースを検討します。

以上の対応を行うため、セキュリティ対策を検討する短期的なPDCAサイクルと中長期的なPCDAサイクルを確立する必要があります。短期的なPDCAサイクルでは、システム個別にセキュリティ対策の機能や運用の問題を改善します(**図3**)。改善には、新たに必要な対策の追加だけでなく、不要な対策の削除も含みます。つまり、新たな脅威への対応に加え、情報セキュリティ負債の返済も行います。標準化や自動化もシステム個別に実施します。

中長期的なPDCAサイクルでは、個別システムで実施した改善対応をほかのシステムに横展開します。ただし、むやみな横展開は将来的な情報セキュリティ負債を増やす可能性があります。セキュリティ脅威に対してシステムごとにシステムの重要度に応じたビジネスインパクト分析を行って、影響度合いに応じて改善対応を取捨選択します。標準化・自動化はシステム横断の全体最適を意識して実施します。

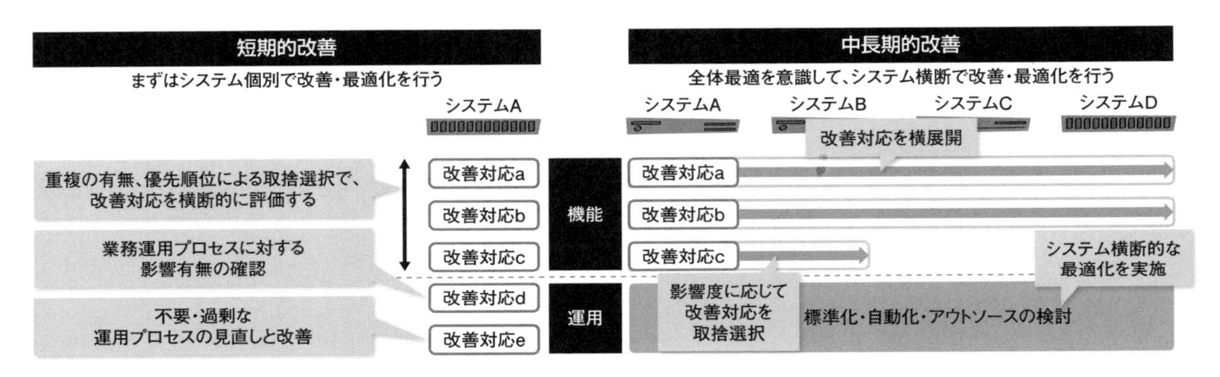

図3 セキュリティ対策の見直しの全体像

まとめ

- ●セキュリティ対策の導入スピードを優先させると、重複したり形骸化したりした対策である「情報セキュリティ負債」が増える
- ●情報セキュリティ負債は、セキュリティ対策の維持コストの増加、セキュリティ対策の品質低下、軌道修正コストの増加といった悪影響を及ぼす
- ●追加・拡張時に情報セキュリティ負債を返済したり、情報セキュリティ負債が増えにくくしたりする工夫が求められる

付録

上流工程で定義する主なセキュリティ要求事項

システムの特性や利用するOS・ミドルウエア・アプリケーションの種別に応じて取捨選択する

No.	大分類	中分類	要求事項
1	アカウント管理	アカウント登録・変更	適性な利用者に、必要なアカウントを安全な方法で発行して利用させる
2			アカウントにセキュリティ要件を満たす安全なパスワードを発行・設定して利用させる
3		アカウント統制	アカウントの利用者が正当であり、かつ一意であることを担保する
4			不要なアカウントを無効化または削除する
5			パスワード紛失・盗難時のユーザー確認を厳格に行う
6			すべてのアカウントおよびパスワードを一元的に把握・管理する
7			特権・高権限を有するユーザーアカウントの使用を制限する
8			システムまたはサービスを稼動させる特殊なアカウントの使用を制限する
9		認証	安全な技術・仕組みで利用者を認証し、システムまたはサービスへ接続させる
10			重要な処理の際に、通常の認証とより高度な認証を併用する
11			遠隔地からのシステムへのログインに制限を加える
12		アカウント監視	システム利用者がログインする際の認証状況をモニタリングする
13			アカウントの不正または不要な利用がなされていないかをモニタリングする
14			特権・高権限アカウントによる操作およびアカウント変更をモニタリングする
15	アクセス制御	通信の制御	安全な（信頼できる）接続元および接続先との通信のみを許可する
16			通信相手との接続（セッション）を安全に確立・維持・終了させる
17			必要のない通信・サービスによるシステムへの接続を禁止または無効化する

No.	大分類	中分類	要求事項
18	アクセス制御	役割・権限による制御	利用者の役割・責任に必要な最小限のアクセス権限を設定する
19			付与したアクセス権限が正しく運用されるように適切な制御・管理を行う
20		ファイル／オブジェクトの制御	ファイルまたはオブジェクトの重要性に応じた最小限のアクセス権限を設定する
21			適切な技術または仕組みで、ファイル／オブジェクトのアクセス権限を設定・管理する
22			システムリソースを不要に消費しないように使用できる容量に制限を設ける
23		機能／サービスの制御	不要な機能およびサービスを無効化、削除または利用制限する
24			必要のない通信・サービスによるシステムへの接続を無効化する
25		アクセス監視	システムおよびデータへの不正なアクセスがないかをモニタリングする
26			アクセス権限が不正に変更されていないかをモニタリングする
27			必要最小限のサービス、プロセスまたはポートが稼働しているかを確認する
28	データ保護	通信データの保護	暗号化等によって保護すべき情報資産（データ）を一元的に把握・管理する
29			重要情報を含む通信内容を安全な技術または仕組みで暗号化する
30			通信経路上での重要情報のやりとりは最小限にする、または表示しない
31		保管データの保護	保管された重要情報を安全な技術または仕組みで暗号化する
32			暗号化に使用する鍵および証明書を適切に管理する
33			特に重要な情報については、インターネット上などのシステム上で保持または保管しない
34			保管された重要情報を安全な技術または仕組みで改ざんから保護する
35			秘密情報や構成情報を利用者の画面に表示しない
36		データ保護の監視	保護された情報が不正に参照または持ち出されてないかをモニタリングする
37			保護された情報が不正に改ざんされていないかをモニタリングする
38	入出力制御	データ処理の制御	データ入力時に妥当性や整合性をチェックおよび制御する
39			入力データに対する不正な処理や加工をチェックおよび制御する
40		データ出力の制御	データを出力時に、脆弱性を埋め込まないようチェックおよび制御する
41			バージョン情報や修正プログラムの適用状態、サポート情報を把握する
42	構成管理	システム構成管理	システムまたはプログラムを不整合のない安全かつ最新な状態に保つ
43			バージョン情報や修正プログラムの適用状態、サポート情報を把握する

No.	大分類	中分類	要求事項
44	構成管理	システム構成管理	機密性および安全性の高いシステムの構成または設定を行う
45			可用性および信頼性の高いシステムの構成または設定を行う
46		リリース管理	リリース計画および本番環境への移行手順を策定する
47			本番環境への移行前にセキュリティの観点で各種テストを実施する
48			リリース計画および移行手順に沿った安全な作業を実施する
49		不要情報の排除	システムまたはプログラム上に、開発・導入時の不要情報を保持しない
50			システム上の不要なプログラム、オブジェクト、設定情報などを削除する
51		構成の監視	システムまたはプログラムの設定・構成情報をモニタリングする
52			ソフトウエアまたはハードウエアのリソースの使用状況をモニタリングする
53	マルウエア対策	マルウエア防御・検出	専用ソフトウエアを利用してマルウエアによる脅威を防御または検知する
54			不正な攻撃を検知する仕組みを実装する
55		マルウエア実行制御・監視	不正または不要なアプリケーションの実行を制限する
56			マルウエアの防御または検知の状況をモニタリングする
57	脆弱性管理	脆弱性調査	脆弱性およびその対応策に関する最新の情報を収集する
58			ソフトウエア製品またはサービスの脆弱性対策状況を確認する
59		脆弱性対応	脆弱性および実装・設定の不備がないかを診断またはテストする
60			認識した脆弱性や実装・設定の不備に、適切な対応を実施する。
61			システムまたはプログラムの脆弱性や脅威をモニタリングする
62	バックアップ	バックアップの取得	セキュリティ観点で必要なバックアップを、適切な方法および形式で取得する
63			取得したバックアップデータを、安全な場所に適切な方法で保管する
64		バックアップの対応	取得・保管されたバックアップデータを適切な技術および手順で安全に復元する
65			バックアップの取得・保管状況をリアルタイムまたは定期的にモニタリング・監査する
66	ログ管理	ログの取得	セキュリティ観点で必要なログを、適切な方法および形式で取得する
67			取得したログデータを、安全な場所に適切な方法で保管する
68		ログの監視	ログ保管容量を定期的にモニタリングする
69			取得・保管されたログをリアルタイムまたは定期的にモニタリングおよび監査する

おわりに

日々高度化・巧妙化するセキュリティ脅威に対して、継続的なセキュリティ対策が不可欠な時代となりました。しかしその方法を見誤ると、対策の不備・不足が起こり、効率的・効果的な対応を実施できなくなります。

本書の前半では、システム開発のセキュリティの上流工程できちんとセキュリティ設計を実施することの重要性とその具体的な方法を紹介しました。後半では、実際のセキュリティ脅威を具体例に挙げ、脅威分析を行ったり、余剰なセキュリティ対策を見直したりすることでより本質的な対応を実践する方法を整理しました。

企業のセキュリティ対応の捉え方は様々です。当然、その企業の業種・業態だけでなく、取り扱う情報や提供するシステムの重要性などで変わってきます。しかしながら、根本的な考え方はどれも同じであると筆者は考えます。実施すべき対策を上流工程で可視化・言語化し、当該システムの種別によって実施する対策のレベルを変えていけばよいのです。

日本は先進国、特に米国やヨーロッパなどに比べて、セキュリティの対応についての考え方が遅れていると感じます。実際に、セキュリティの新規サービスや各種ガイドラインなどは、諸外国で定められたものが数多く採用されているのが実態です。また、経営者のセキュリティに対する意識も、他国に比べると見劣りすると言わざるを得ません。セキュリティ投資に対する効果を自ら見定め、確認する経営者の割合が乏しいのが実情でしょう。

これから東京オリンピックなどのビッグイベントに向けて、セキュリティの脅威がさらに拡大するのは間違いなさそうです。重要インフラへの攻撃だけではなく、日本全体への攻撃が加速すると考えられます。もちろんビッグイベントが終わった後も、IoTの技術革新やRPA導入の広がり、働き方改革などに伴い、ITを利活用するシーンが増え、その分セキュリティ脅威もさらに高まります。

そうした中、システム開発の上流から下流工程までの全体を俯瞰したセキュリティ対策はますます重要になります。上流工程でセキュリティ要件を明確に定義し、それを実装しテストを行い、脆弱性を残さずにシステムをリリースする必要があります。また、上流工程でしっかり運用設計を行い、日々変化する脅威に柔軟に備えられるようにし、発生する脅威に対して迅速に対応できる仕組みを作ることが肝要です。

そのためには、発注側であるユーザーがこれまで以上にセキュリティの重要性を理解し、明確に開発ベンダー側にセキュリティ要件を提示する必要があります。セキュリティ要件が曖昧なままベンダーに開発を依頼してしまうと、セキュリティ機能や運用がキチンと実装されないままシステムがリリースされ、脅威に耐えられずセキュリティ事故が起こる可能性が高くなってしまいます。

事業責任者である発注側こそ、セキュリティリスクを的確に捉え、システム開発側に責任を持って実施させることが重要です。最終的にセキュリティ事故が起こった場合に利用者や株主、マスコミなどから厳しく責任追及されるのは事業責任者側です。

通常、新たなサービスを立ち上げるときに、事業計画に対する情報システムのリスクについて協議することは珍しくありません。しかし、サービス企画の段階でセキュリティリスクについて協議し、対応している日本企業はまだまだ少ないのではないでしょうか。新たなビジネスを実践するうえでは、セキュリティリスクまで必ず考慮して、投資判断をしていくべきであると考えます。

最後に、筆者は、日本全体のセキュリティの底上げが必要と常々思い続けています。これまで企業のセキュリティ事故の実態を数多く見てきました。そのたびに企業の担当者が困り果て、対応に多くの工数・費用をかけてヘトヘトになりながら事故の収束や再発防止に奔走する姿を見て、担当者と共に悔しい思いをしてきました。

攻撃者はほんの小さなほころび（脆弱性）を突いて侵入を試み、そこから様々な攻撃を繰り返し実施し、最後には情報を窃取したりサービスを停止したりしてきます。ほんの小さなほころびを、なぜシステムの開発時に防げなかったのか。なぜ開発時にあらゆる事態を想定して対応してこなかったのか。そんな声をこれまでたくさん聞いてきました。

日本の企業のセキュリティ担当者がそうした声を聞くことがなくなるように、本書が少しでも参考になれば幸いです。読者の皆さまのセキュリティ対策が少しでも効率的・効果的に実施でき、多くのセキュリティ脅威を未然に防いだり、インシデントが発生しても影響を極小化できたりするようになることを、切に願っています。

2018年11月

山口 雅史

著者紹介

山口 雅史（やまぐち まさふみ）

NRIセキュアテクノロジーズ ストラテジーコンサルティング部長
8年半ソフトウエア企業でシステムSI・運用やコンサルティングに従事。2008年に野村総合研究所入社。NRIセキュアテクノロジーズに出向後、セキュリティソリューション開発・SIを経て、セキュリティコンサルティング業に従事。セキュリティ戦略企画や統合PMOを得意とし、数多くのセキュリティ関連プロジェクトを推進。

熊白 浩丈（くましろ ひろたけ）

NRIセキュアテクノロジーズ ストラテジーコンサルティング部 上級セキュリティコンサルタント
クレジットカード会社、情報セキュリティ格付会社を経て2011年に野村総合研究所入社。NRIセキュアテクノロジーズに出向後、セキュリティコンサルティングに従事。金融機関、流通業、製造業におけるインシデントレスポンスの制度設計・運用、情報セキュリティ監査、情報セキュリティ格付評価、PCIDSを専門とする。

十川 基（そがわ はじめ）

NRIセキュアテクノロジーズ ストラテジーコンサルティング部 主任セキュリティコンサルタント
2007年に野村総合研究所入社。同社が提供する証券系システムと顧客のネットワーク構築・エンハンス活動に従事。2015年NRIセキュアテクノロジーズに出向後、情報セキュリティに関する調査・コンサルティングを中心に数多くのセキュリティ関連プロジェクトをさまざまな業種にて推進。

岡部 拓也（おかべ たくや）

NRIセキュアテクノロジーズ　ストラテジーコンサルティング部　主任セキュリティコンサルタント
外資系IT企業とコンサルティングファームで9年間システムの構想策定、設計・導入、運用およびプロジェクトマネジメント、ITガバナンス構築などに従事。2016年に野村総合研究所入社。NRIセキュアテクノロジーズに出向後、セキュリティの中長期計画策定、上流設計支援、組織改革、ルール整備などのプロジェクトを推進。

高見澤 涼（たかみざわ りょう）

NRIセキュアテクノロジーズ ストラテジーコンサルティング部 セキュリティコンサルタント
2011年に野村総合研究所入社。同年NRIセキュアテクノロジーズに出向後、セキュリティコンサルティングに従事。情報セキュリティ監査、グローバルセキュリティガバナンス構築支援、クラウドサービスセキュリティルール策定、情報セキュリティ教育資料作成など、情報セキュリティに関連する幅広いプロジェクトを推進。

松本 直毅（まつもと なおき）

NRIセキュアテクノロジーズ ストラテジーコンサルティング部 セキュリティコンサルタント
ユーザー系IT企業で10年間、グローバル企業のITインフラ企画・導入業務に従事。2016年に野村総合研究所入社。NRIセキュアテクノロジーズに出向後、セキュリティコンサルティングに従事。グローバル案件企画・導入・PMOなどを得意とし、製造業を中心に多くのグローバル企業のセキュリティ関連プロジェクトを推進。

高木 大輔（たかぎ だいすけ）

NRI セキュアテクノロジーズ ストラテジーコンサルティング部 セキュリティコンサルタント
2013 年に野村総合研究所入社。同年 NRI セキュアテクノロジーズに出向後、セキュリティコンサルティングに従事。IT インフラ・情報セキュリティに関する企画・導入業務、調査・分析・評価業務、ルール策定業務など、数多くのセキュリティ関連プロジェクトを推進。

山末 尚史（やますえ ひさし）

NRI セキュアテクノロジーズ ストラテジーコンサルティング部 セキュリティコンサルタント
製造業の研究部門で 3 年間ネットワーク設計・構築に従事し、2005 年に野村総合研究所入社。同年 NRI セキュアテクノロジーズに出向し、マネージドセキュリティサービスの提案・設計・導入に従事。現在は、セキュリティコンサルタントとして、CSIRT 構築支援を中心としたセキュリティ関連プロジェクトを推進。

大島 修（おおしま おさむ）

NRI セキュアテクノロジーズ ソリューションビジネス一部 上級セキュリティエンジニア
2003 年に野村総合研究所入社。自然言語処理の統計解析パッケージ製品開発のプロジェクトマネージャなどに従事。2014 年 NRI セキュアテクノロジーズに出向後、ID 管理・ID 連携・多要素認証・ID 不正利用検知などの ID セキュリティソリューション製品の企画・開発や IDaaS の導入支援などを推進。

赤星 拓未（あかほし たくみ）

NRI セキュアテクノロジーズ ソリューションビジネス一部 主任セキュリティエンジニア
2011 年に野村総合研究所入社。同社が提供する ID 認証基盤ソリューションの開発・SI やコンサルティングに従事。2014 年 NRI セキュアテクノロジーズに出向後、ID セキュリティソリューションに関するシステムの企画・開発を中心に数多くの IAM 関連プロジェクトをさまざまな業種にて推進。

田島 剛志（たじま たけし）

NRI セキュアテクノロジーズ サイバーセキュリティサービス事業本部 MSS 三部長
2000 年に野村総合研究所入社。2000 年の NRI セキュアテクノロジーズの立ち上げとともに同社へ出向後、情報セキュリティ事業に携わり、マネージドセキュリティサービスの提案・設計・導入に従事。主に、金融機関向けへのマネージドセキュリティサービス提供を担当。

木村 尚亮（きむら たかあき）

1998 年に野村総合研究所入社。情報セキュリティ事業に携わり、2000 年の NRI セキュアテクノロジーズの立ち上げとともに同社へ出向。セキュリティ診断や事故対応支援などを経て、セキュリティデバイスの導入・管理やセキュリティログ監視業務に従事。2017 年 7 月にユーザー企業に入社。

上流工程でシステムの脅威を排除する

セキュリティ設計 実践ノウハウ

2018年11月26日　初版第1刷発行
編　　著　　山口 雅史
発 行 者　　吉田 琢也
編　　集　　日経SYSTEMS
発　　行　　日経BP社
発　　売　　日経BPマーケティング
〒105-8308
東京都港区虎ノ門4-3-12

カバーデザイン　葉波 高人（ハナデザイン）
デザイン・制作　ハナデザイン
印刷・製本　　大日本印刷

 ISBN 978-4-296-10092-7　Printed in Japan

●本書に関するお問い合わせ、ご連絡は下記にて承ります。
https://nkbp.jp/booksQA